中小规模畜禽生态健康养殖技术与模式创新

成　钢　著

中国农业出版社
北　京

图书在版编目（CIP）数据

中小规模畜禽生态健康养殖技术与模式创新／成钢著．—北京：中国农业出版社，2023.10
　　ISBN 978-7-109-30784-1

　　Ⅰ．①中…　Ⅱ．①成…　Ⅲ．①畜禽－生态养殖　Ⅳ．①S815

中国国家版本馆 CIP 数据核字（2023）第 100369 号

中国农业出版社出版

地址：北京市朝阳区麦子店街 18 号楼
邮编：100125
责任编辑：周锦玉　文字编辑：耿韶磊
版式设计：杨　婧　责任校对：吴丽婷
印刷：北京通州皇家印刷厂
版次：2023 年 10 月第 1 版
印次：2023 年 10 月北京第 1 次印刷
发行：新华书店北京发行所
开本：880mm×1230mm　1/32
印张：5.25
字数：150 千字
定价：28.00 元

---

1. 湖南文理学院白马湖优秀出版物出版资助
2. 动物学湖南省高校重点实验室资助
3. 湖南省科技创新计划（2021RC1013）"新型畜禽驱蚊熏蜡的研制及应用"（项目负责人：周淑云）；"'草-羊-蚓-鱼-禽-菌'新型生态种养循环模式的构建与应用"（项目负责人：周颖莹）资助
4. 民盟湖南省委会参政议政调研课题（XMYBLX202203）资助
5. 湖南文理学院大学生科技创新创业一般项目"生态观光奶牛场的模式创新与运营"（项目负责人：周芊）（XDC202252）资助
6. 湖南文理学院微生物技术创新团队项目资助
7. 水生动物重要疫病分子免疫技术湖南省重点实验室资助
8. 湖南文理学院农业大分子研究中心资助
9. 湖南文理学院生命与环境科学学院动物健康养殖研究所资助
10. 省部共建淡水鱼类发育生物学国家重点实验室鱼类健康养殖分中心资助
11. 环洞庭湖健康养殖与加工重点实验室资助
12. 桃源县老祖岩山羊生长与繁殖关键技术研究（项目负责人：张紫轩，2022年湖南文理学院大学生科技创新创业训练项目资助）

作者简介

　　成钢，男，1976 年出生，山西太谷人，博士，民盟盟员，湖南文理学院生命与环境科学学院教授，湖南省常德市鼎城区科技专家服务团专家成员，2022—2023 年度常德鼎城区科技特派员；常德安乡雄韬牧业有限公司和常德深根农牧有限公司技术顾问。2012 年至今，与安乡县雄韬牧业有限公司、常德深根农牧有限公司、沅陵县巢大生态种养专业合作社、张家界永定区谢家垭乡龙阳村太空鸡生态散养示范基地、湖南阳光乳业股份有限公司第一牧场、湖南惠生农业科技集团等单位先后开展了"湖区肉羊健康养殖与粪便综合利用技术""湘西山区肉牛养殖技术集成示范与推广应用""湘西北奶牛繁殖性能与繁殖疾病调查""湘西丘陵山地土鸡生态散养关键技术""兽用植物源驱蚊熏蜡研制"等项目的校企合作相关研究，以点带面大力发展畜禽循环健康养殖，在提高养殖经济效益的基础上增加生态综合效益。近年来，先后主持省级、校级项目 10 余项。先后以第一作者或通信作者在国内外杂志及期刊上发表论文 80 余篇，国家级出版社出版专著 3 部，获实用新型授权专利 2 项。目前主要研究方向：畜禽健康养殖和农业资源与环境。

前　言

我国于 20 世纪 90 年代提出循环经济概念，并于 2005 年在《中共中央关于制定国民经济和社会发展第十一个五年规划的建议》中指出"发展循环经济，是建设资源节约型、环境友好型社会和实现可持续发展的重要途径"。之后，循环经济就成为国内外社会经济发展的大趋势，并逐步渗透到畜牧业中。从循环经济的理念入手，以生态健康清洁生产为途径、市场机制调控为指导，综合开发利用各种现有资源，积极转变畜禽养殖生产方式，坚持可持续发展的标准和方向，探索与构建基于循环经济的畜禽健康养殖模式，已成为当前国内外畜禽健康养殖模式研究的新热点。节能减排实现养殖排泄物的零排放及综合利用是建立节约型小康社会的前提，是国家"十四五"时期实现碳达峰、碳中和目标，推动经济社会绿色低碳转型发展的有力举措。在新时代迫切发展循环经济的背景下，要解决我国 14 亿人口的肉、蛋、奶安全供应问题，如何改进我国传统的畜禽养殖模式，达到生态效益、经济效益与社会效益的有机统一，是摆在国人面前值得深思的重要问题。我国是畜牧业大国，猪肉、禽肉、禽蛋等畜产品的产量一直保持在世界前列，畜禽养殖产生的大量粪尿等废弃物对生态环境造成了极大压力。大力推广生态畜牧业，对促进农村经济结构战略性调整，提高群众生活质量，促进农民增收和农业经济可持续发展都具有十分重要的意义。畜禽养殖业生产应在注重经济效益的同时，加大资源的开发利用，大力发展和推广技术成熟、高效、环保的健康养殖模式，实现畜禽养殖废弃物综合循环利用，在有效保护生态环境的同时达到养殖效益最大化。

基于循环经济的中小规模畜禽生态健康养殖技术与模式创新是利用生态学、经济学原理，以现代化养殖技术为基础，以生态农牧业为主要实现手段，通过先进的管理模式和理念设计与延长生态链条，借鉴部分传统养殖生产经验，因地制宜、农牧结合，以节约与高效合理利用现有资源、有效治理粪污、促进畜牧业可持续发展为目的，实现种养结合立体化、农牧结合多元化、立体循环体系化。通过采用精细化管理、健康循环生产模式，实施畜禽清洁循环养殖，生产安全、优质、无公害的有机畜产品。通过提升养殖生产效率，种养结合，形成生态与经济良性循环，在增加畜禽养殖附加值的同时减少环境污染，实现生态、经济和社会三大效益的统一。

由于中小规模畜禽养殖的长期性，做好中小型畜禽养殖的引导与帮扶，对美丽乡村建设与乡村振兴目标的实现以及全面建成小康社会具有重要意义。我国畜禽生态健康养殖技术与模式相关研究起步晚，许多现行的循环种养模式尚处于探索和逐步完善阶段。后疫情时代，如何因地制宜地发展具有地域特色、高效适度规模的生态健康养殖，本书著者先后与安乡雄韬牧业有限公司、常德深根农牧有限公司、沅陵县巢大生态种养专业合作社、张家界永定区谢家垭乡龙阳村太空鸡生态散养示范基地、湖南阳光乳业股份有限公司第一牧场、湖南惠生农业科技集团等单位开展"湖区肉羊健康养殖与粪便综合利用技术""湘西山区肉牛养殖技术集成示范与推广应用""湘西北奶牛繁殖性能与繁殖疾病调查""湘西丘陵山地土鸡生态散养关键技术""新型畜禽驱蚊熏蜡研制及应用"等项目的校企合作与生态健康养殖试点，主要从奶牛与肉牛生态养殖模式与产业化发展，肉羊生态养殖技术与模式及其效益，丘陵山地土鸡生态散养关键技术与模式，"稻-鸭-蚓"生态种养模式，丘陵山地鹅生态放养技术与疾病综合防控，丘陵坡地油茶林下生态种养模式研究与实践，"林下草-兔"生态健康种养模式与效益等方面总结畜禽生态健康养殖技术与模式相关经验，对可产生较大经济与生态效益、容易推广应用的典型模式进行了深入分析。事实证明，本书所推介的基于循环经济的中小规模畜禽生态健康养殖技术与模式是对国内现行养殖业向多层次方向发展的拓展与补充，是对现代农牧业有机结合、结构优化与调整战略实施后衍生的新技术与新思路，符合国家农牧业向高产、高效、生态安全方向发展的需要，可有效促进农业转型升级，实现农民增产增收，具有科学性、可行性和推广性，对国内广大中小型畜禽养殖场（户）合理有效利用当地资源，实施与构建适合当地畜禽规模化健康养殖模式，提高养殖经济效益和生态效益，提升健康养殖与管理水平，助推乡村振兴具有重要参考价值。本书在研究与写作的过程中得到了常德安乡县雄韬牧业有限公司和常德深根农牧有限公司的大力支持。感谢湖南文理学院生命与环境科学学院现代农业系农学专业20102班成展仪同学对本书油茶、牧草种植等方面的帮助与建议！感谢湖南文理学院生命与环境科学学院肉羊健康养殖课题组和畜禽驱蚊熏蜡研制课题组全体成员的大力协助。感谢常德市绿色江河生态保护中心对本书中小规模畜禽生态健康养殖相关工作的参与和支持。

本书适用于从事中小规模畜禽生态健康养殖企业（户），以及畜禽生态健康养殖技术攻关与模式开发相关领域研究的各类本、专科高等院校及研究院所教师、学生及技术人员阅读。本书还可作为动物科学等相关专业教学参考用书。

书中不当之处在所难免，敬请广大读者批评指正。

著　者

2023 年 5 月

目 录

目　录

第一章 中小规模畜禽养殖现状与存在的问题

第一节 中小规模畜禽养殖现状

一、中小规模畜禽养殖的长期性

规模化养殖是世界畜禽养殖业发展的大趋势，发展规模养殖是促进农民增收、农业增效以及全面建成小康社会的重要手段，但目前我国大规模养殖场占比依然较小，国内畜禽养殖仍然以中小规模养殖为主，传统散养逐步转向规模化养殖仍然还有较长的路要走。中小规模畜禽养殖相较于现代大型规模化养殖具有投资少、转型易、门槛低、见效快、养殖积极性较高等优势，已成为近年来国内农民增收致富的新途径。2019年，国内暴发非洲猪瘟以前，受环境污染治理设施、养殖地点等限制，国内有关部门逐渐取缔、关停了一些养殖规模较小、环境污染严重、距离居民居住地和水源地较近、无粪污治理设备和措施的小型畜禽场，同时提高了进入畜禽养殖行业的准入门槛。非洲猪瘟疫情之后，国内猪价居高不下，同时带动了其他畜禽产品市场价格的上涨，为了降低国内畜禽产品价格及老百姓的生活成本，国家又开始鼓励中小型养殖场的运营。利用当地资源与富余劳动力发展农村经济的长期性，新冠肺炎疫情的暴发与世界性流行，以及小农意识等诸多因素，导致中小规模畜禽养殖将在国内长期存在，这些养殖场的运营发展与出路关系美丽乡村建设和乡村振兴目标的实现。规模化养殖是现代畜牧业的基础，扶持规模化与集约化养殖的同时，做好中小规模畜禽养殖的引导与帮扶，对全面建成小康社会具有重要意义。

二、散户多，规模小，风险高，效益差

中小规模畜禽养殖场一般规模小、周转资金少、养殖品种单一、从业人员素质参差不齐、缺乏产品品牌、受市场价格影响大，因此养殖运营风险较高和养殖效益相对较差。目前，国内中小规模畜禽养殖场（户）在畜禽体重增长速度、牧草种植品种、养殖管理技术等方面与江西正邦、湖南湘佳牧业等知名企业仍存在较大差距，主要表现为优良品种缺乏、饲养模式单一、疾病防控技术薄弱、饲养管理水平与运营体系化程度不高等。是否能充分发挥和有效利用当地资源，由传统养殖模式向生态特色健康养殖模式转变，提高畜禽繁殖与屠宰性能、生长发育速度，提高畜禽成活率和市场占有率已经成为目前制约国内中小规模畜禽养殖业发展的瓶颈。

三、生态健康型特色养殖较少

目前，中小规模畜禽传统养殖在我国占比较大，生态健康型特色养殖较少，主要体现在品种、技术与模式 3 个方面。中小规模畜禽传统养殖，养殖品种陈旧，缺少市场竞争力；养殖技术落后，常常沿袭传统经验，收益低下；养殖模式单一，管理粗放，缺少立体综合种养模式，没有充分有效利用当地现有资源，整体效益不高。针对国内中小规模畜禽养殖场（户）当前发展现状，顺应时代潮流，从循环经济的理念入手，以生态健康清洁生产为导向，市场机制调控为指导，综合开发利用各种现有资源，积极转变畜禽养殖生产方式，坚持可持续发展的标准和方向，探索与构建基于循环经济的畜禽新型养殖模式，实行中小规模畜禽生态健康特色养殖具有切实的科学性和可行性。养殖业生产应在注重经济效益的同时，加大资源开发利用，大力发展和推广技术成熟、高效、环保的养殖循环模式，因地制宜发展特色循环养殖，实现畜禽养殖废弃物综合循环利用，在有效保护生态环境的同时达到养殖效益的最大化。打造区域特色生态畜禽产品品牌，通过融合传统养殖方法和智能生态健康

养殖技术，改良和提高当地养殖畜禽的品质。结合现有条件与自身养殖特色可采用不同方式，探索与构建适合当地中小规模畜禽养殖的模式，适当扩大养殖规模，确保最大养殖效益，加快当地畜禽遗传改良步伐和提高养殖管理水平，对提高中小规模养殖户养殖积极性、坚定和提振养殖信心、发展农业产业化经营、助力农民增收致富以及乡村振兴具有重要的示范与现实意义。

四、品种与效益受消费结构影响较大

改革开放以来，我国的畜禽产品消费结构变化明显。随着人们消费水平和畜禽规模化养殖的快速发展，我国的畜禽产品消费结构正日趋合理与优化，牛奶和禽蛋的消费比重大幅增加，猪肉消费比重逐步下降，牛、羊及禽肉消费比重上升趋势明显，人们对安全、优质、无公害的有机畜禽产品日益青睐，市场需求日益扩大。中小规模畜禽养殖品种与效益受消费结构影响较大，具有区域特色生态品牌的畜禽产品相较于传统养殖模式生产的畜产品在价格和市场占有度上更具优势。因地制宜地发展适度规模的具有自身地域特色的生态健康养殖，市场潜力巨大。

五、后疫情时代的生存与发展

近年来，由于受非洲猪瘟、禽流感、小反刍兽疫及新冠肺炎等疫情影响，国内猪肉、牛肉、羊肉、禽肉、禽蛋价格波动起伏，给中小规模畜禽养殖场（户）带来巨大考验。例如，在新冠肺炎疫情肆虐的2020年，我国就有大量中小规模畜禽养殖场（户）倒闭；非洲猪瘟流行的2020年至2021年上半年，猪肉市场价格暴涨暴跌，生猪养殖场（户）亏损严重，各类畜禽养殖场（户）养殖信心受挫，积极性大为降低。畜禽养殖场由于养殖密度高、数量大，人员、车辆进出流动性大，是各类人畜疫情防控的重点。疫情对中小规模畜禽养殖场（户）的产品价格、市场行情、饲料成本、产品加工运输等方面影响深远。非洲猪瘟、禽流感、新冠肺炎病毒流行广、传播快、变异强，在今后5年甚至更长的时间内将会在国内长期存在，对畜禽养殖业威胁较大。后疫情时代，中小规模畜禽养殖场（户）除应做好与各类疫病长期战斗的心理准备外，还应该根据市场未来需求设计中远期发展规划，积极争取发展资金，打造区域特色生态畜禽品牌，长期有效地落实各项卫生防疫制度，加强监督检查，定期开展生活区、场舍、设施设备的消毒，积极开展灭鼠、灭蚊、灭蝇、灭蟑螂等工作，落实畜禽入场消毒查验、场区外消毒防疫、工作人员体温检测、运输车辆与设备的清洁消毒，对病死畜禽等进行无害化处理；成立防疫工作小组，细化落实各项防疫政策，做到严格测体温、戴口罩、勤洗手、常消毒等常规防疫措施，常抓不懈；进一步制定、完善与践行各项防控政策，保证畜禽生产正常有序进行。

第二节　中小规模畜禽养殖存在的
主要问题与建议

改革开放以来，我国的畜禽养殖业获得了快速发展，我国已经发展成为世界上最大的畜禽生产国，猪肉、禽蛋的年产量已连续多年稳居世界首位，国内中小规模畜禽养殖场（户）功不可没，已经成为我国畜禽养殖业的重要组成部分和农村经济的重要支柱。由于中小规模畜禽养殖一般具有规模较小、养殖地点分散、数量众多等特点，其中长期的生存发展还存在诸多问题，现就目前存在的主要和突出问题加以分析，以利于中小规模畜禽养殖场（户）逐步向特色经营迈进、向品牌化方向发展，提升产品档次和市场占有率，更加有效地带动地区经济高速发展。

一、中小规模畜禽养殖存在的主要问题

1. 养殖理念与模式陈旧　一些畜禽养殖场（户）对畜牧产业化、规模化的认识不足，沿袭父辈的养殖理念，养殖理念、模式陈旧，缺乏规模经营与市场开拓意识。由于受市场、资金、技术、经验以及销售渠道等因素的限制，养殖规模不易扩大，养殖模式较为单一，养殖种类不易更换，对推进畜牧产业化经营与养殖模式的更

新缺乏信心。以非洲猪瘟暴发后猪肉市场出现巨大起伏为例，猪肉价格 70 元/kg 时，养殖场（户）购进仔猪的成本约 200 元/kg，许多不懂养殖技术的人员纷纷冒险投资进入生猪养殖业，顶着饲料、用工成本的大幅上升，辛苦大半年后，由于生猪养殖场（户）大量出现，市场生猪供应数量及出栏量迅速增加，导致猪肉市场价格暴跌至 25～30 元/kg，养殖场（户）纷纷倒闭破产。而在猪肉价格暴涨时选择养殖家禽、水产等方向的养殖场（户）则获得了较大收益，养殖理念的不同导致了养殖效益的差异。

2. 规避市场风险能力弱　近年来受疯牛病、禽流感、新冠肺炎疫情的影响，畜禽市场行情受到较大冲击。以新冠肺炎疫情暴发为例，由于封锁隔离，市场对畜禽产品消费量直线下降，同时由于道路封锁，畜禽饲料企业运营、用工与运输等受影响，大量中小型畜禽养殖场（户）饲料储备不足，周转资金少，导致养殖的畜禽出现断粮、滞销的现象，纷纷亏本倒闭，而大型养殖企业由于资金与物资储备相对充足，规避市场风险的能力较强。虽然许多乡镇中小规模养殖场采取"公司＋农户""企业＋农户"以及"公司＋基地＋农户"等不同形式的经营模式，但由于规模较小、销售渠道缺乏与单一等问题，应对复杂多变的市场能力较为脆弱。

3. 缺乏养殖技术与养殖特色　养殖技术就是生产原动力，没有养殖技术和养殖经验，实现收益最大化就是空谈。比如，目前高致病性禽流感、非洲猪瘟等重大动物疫病在国内仍有发生，与此同时，外来疫病威胁日益严重，如果疫病诊治水平低，防疫制度落实不到位，则养殖风险成倍增加。养殖特色主要包括品种特色、饲料特色、技术特色、模式特色、品牌特色，以及经营理念特色等方面。其中，品种特色是关键，决定了养殖效益以及养殖的成败。目前，多数养殖户选择跟风养殖，导致产品竞争力与养殖效益不高。模式特色是指在选择适宜养殖品种的基础上，因地制宜利用当地现有资源实施养殖模式更新，生产具有地域特色的有机产品，实现效益的最大化。目前，国内有机产品认可度高，市场需求量大，在拥有技术与特色基础上积极发展生态型循环畜牧业是国内中小规模畜禽养殖场（户）未来生存发展的方向。生态健康养殖模式是利用自然界的物质资源和环境资源，以实现经济效益与生态效益最大化为目标，发展多元化生产和资源循环利用的经营模式，可有效合理配置资源与保护生态环境。国内多数地区气候温和、阳光充足、秸秆等农副产品资源丰富，可满足中小规模畜禽养殖所需的环境与饲料条件。

发展适度规模的生态循环养殖符合国家产业政策，能够促进养殖业健康发展，增加养殖收益。科学合理地利用当地草场等资源，将传统养殖方法与智能生态健康养殖技术融合，实施生态立体种养，可大幅减少粪尿的排放，增加养殖附加值；通过改良当地畜禽的品种，提高其品质，打造区域特色生态畜禽品牌，拓展绿色环保种养生态链，可促进循环生态养殖体系更加专业化，对我国生态农业和畜牧业发展具有重要意义。

4. 环境污染严重 近年来，随着养殖业的快速发展，畜禽存栏量大幅增加，产生的粪尿污染日益严重。畜禽排泄物成分较复杂，与品种、体重、生理状态、饲料组成等有关，除含有多种营养元素外，还含有较多有毒有害物质、病原微生物和寄生虫卵。以肉羊为例：每头羊日排粪量 2.0～2.5 kg，每年产粪量 700～900 kg，中等规模的山羊养殖场（300 只羊）每年可产羊粪 200 多 t，环境压力巨大。由于养殖场多数距离居民区较近，排放到环境中的粪尿一部分被降解，另一部分可能会随着雨水冲刷、渗滤等进入地表水和土壤环境介质中，对水体和土壤造成污染，直接威胁人畜健康（成钢等，2014）。畜禽养殖污染已经成为我国农业面源污染的来源之一。目前，因畜禽粪尿缺乏有效的管理和处理应用技术，规模化畜禽养殖业的污染治理任重道远。进行畜禽粪便的无害化和资源化高效利用已成为现阶段农村环境保护工作重大而紧迫的任务，也是畜禽养殖业可持续发展亟须解决的问题。近年来，随着国家美丽乡村建设和畜禽养殖业粪尿排放与治理相关政策的出台与实施，国内多数养殖场相继采用多种技术和途径对粪污进行减量减排。粪尿的无害化处理与资源化利用已成为现阶段畜禽养殖业可持续发展的必然趋势。节能减排和对畜禽粪便无害化处理、资源化利用可有效促进生态健康畜禽养殖生产的良性循环和畜禽产品品质的提高。由于目前我国的畜禽养殖污染防控政策、环保补贴等过于偏向大规模养殖场,而国内中小规模畜禽养殖场(户)对畜禽排泄物的处理能力和技术有限,堆肥发酵仍然是今后长时期内养殖场粪尿处理常用和主要的方式。畜禽粪便堆肥发酵影响因素较难控制,主要存在堆肥腐熟时间长、有害气体释放多、二次污染严重及效率低下等问题(成钢等,2014)。对畜禽粪尿资源实现高效利用和减少环境污染已成为制约我国生态环境保护与畜禽养殖业可持续发展的瓶颈。我国畜禽粪尿资源化利用潜力巨大,根据现有条件与自身养殖特色,不同规模养殖场可采用不同的利用方式,积极探索与构建适合当地资源化利用的模式,实现畜禽粪尿资源立体综合利用。

二、中小规模畜禽养殖建议

1. 改变养殖理念,转换养殖模式 2005 年通过的《中共中央关于制定国民经济和社会发展第十一个五年规划的建议》将节约资源确立为新的基本国策,指出"发展循环经济,是建设资源节约型、环境友好型社会和实现可持续发展的重要途径"。之后,发展循环经济已经成为当前国内外社会经济发展的大趋势。各地应积极改变陈旧的养殖理念,转换养殖模式,借鉴先进地区或大型养殖场的生产、运营、管理经验,引进先进的管理模式,通过养殖场的科学选址与养殖规模的合理规划,适度扩大优良品种的养殖规模,因地制宜利用当地现有资源实施特色生态健康养殖。

2. 实施校企合作,保障资金与技术支持 利用有利的国家政策,积极与当地高校开展合作,结合当地地形和气候特点,以联合申报项目的形式开展畜禽健康养殖技术、日常饲养管理、繁育、圈舍建设、驱虫防疫及屠宰加工等方面的技术攻关,积极争取研发资金,建立生态健康养殖示范基地,以点带面大力发展生态健康养殖,在提高养殖经济效益的基础上增加生态综合效益。

3. 扶植龙头企业,打造特色产业链 根据当地环境,转变养殖经营方式，大力引进优良品种，优化畜禽结构，积极吸引投资，可尝试引进声誉好、管理先进的国内品牌养殖企业，突破地域限制，实行集中养殖，带动当地养殖户由小型分散向规范化、基地化、品牌化方向发展。引进国外良种，运用人工授精等技术手段改良地方品种，加大疫病防控力度，完善防疫措施，形成区域明显、优势突出、特色鲜明的畜禽养殖特色龙头企业与产业链，谋划打造品牌特色，提升产品档次，提高畜禽产品附加值，实现经济发展的良性循环。

4. 畜禽粪便的无害化处理与资源化利用　实现养殖排泄物零排放及无害化处理与综合利用是建设美丽乡村与节约型小康社会的前提，也是实现国内畜禽养殖业可持续发展的根本途径（成钢等，2019）。目前，粪便资源以猪粪、牛粪、鸡粪为主，普遍采用较为单一原始的堆肥发酵处理技术，导致粪便利用率低，亟须解决的问题较多。随着养殖污染的加剧，不同的规模养殖场可采用不同的资源化利用方式，如堆肥发酵有机肥生产、沼气利用等，或者通过构建种养结合立体循环养殖的方式实现粪尿资源立体循环利用，从而有效解决养殖业环境污染问题，最终实现养殖效益、社会效益及环境效益和谐共赢。实践证明，采用基于循环经济的畜禽生态健康养殖与模式，实现污染的源头控制与过程阻断，以及粪尿资源的多级利用，可有效减少因粪尿污染造成的传染性疾病及寄生虫病的暴发和流行，不仅降低了用药成本，而且有效提高了单位面积内的养殖密度以及有机畜禽产品的产量与质量，促进了农民增收。相信随着各类型成熟的畜禽生态健康养殖模式的应用与推广，在推动粪便污染治理、清洁能源利用和实现农民增收及农村可持续发展等方面将取得更大更广泛的效益。

第三节　中小规模畜禽生态健康养殖及主要技术措施

一、畜禽生态健康养殖的紧迫性与必然性

畜禽生态健康养殖理念的提出是科学发展观在养殖领域的具体

体现，是指在一定的养殖空间和区域内，确实有效地利用当地生态资源，通过养殖优良畜禽品种，在可控养殖环境下，采用相应的技术和管理措施，最大限度地减少疾病与应激反应的发生，积极主动地保证畜禽健康，生产无公害、绿色、有机畜禽产品，保护人类自身安全和社会稳定。积极发展资源节约型、环境友好型可持续发展的畜禽生态健康养殖模式，开展畜禽生态健康养殖方式与相关技术的推广与应用，具有广泛的社会效益、经济效益和环境效益，对大力发展畜禽生态健康养殖产业、助推乡村振兴、提高国内畜禽养殖水平意义重大。

我国中小规模畜禽养殖具有长期性，相较于集约化养殖方式，目前中小规模畜禽养殖占比仍然比较大，在疫病防控、养殖过程管理、废弃物污染控制、肉蛋奶品质提升等方面与发达国家健康饲养技术水平及模式仍然存在一定差距，主要体现在养殖密度过大、畜禽运动量不足、畜禽粪污导致生态环境恶化、疫病暴发与流行、污染事故频发、畜禽体内和副产品中存在药物残留等方面。上述问题已成为实施畜禽养殖业可持续发展、促进农业生产良性循环、降低饲养管理成本的巨大障碍。长期以来，由于中小规模畜禽养殖基础设施落后、基础研究环节薄弱、饲养技术及管理水平较低、盲目追求短期效益等原因，肉奶蛋等畜禽产品的绿色环保生态程度不高，市场竞争力弱。因此，积极发展健康养殖产业，打造生态畜牧业，是国内中小规模畜禽养殖业实现健康和可持续发展的必由之路。随着经济发展和人民生活水平的提高，消费者的消费观念已由温饱型向小康型转变，人们关注生活质量，对食品的安全性和内在品质提出了更高要求。市场对食物安全的关注，要求养殖模式更新，倡导生态健康养殖，现阶段实施中小规模畜禽生态健康养殖具有紧迫性和必然性。实施中小规模畜禽生态健康养殖，打造生态健康的畜牧业，发展循环种养模式已经成为社会各界关注的热点。

顺应时代的发展，助推乡村振兴，以转变国内中小规模畜禽养殖业生产方式为切入点，因地制宜地建立各类型畜禽生态健康养殖模式示范基地，配合完善的服务管理体系与防疫体系，在逐步提高畜禽存栏量的同时，尽可能地将现代机械和智能信息化技术应用到畜禽成为健康养殖业中，有效提升成为健康养殖在传统畜牧业中的占比可有效降低养殖成本与养殖风险。

二、中小规模畜禽生态健康养殖主要技术措施

实施中小规模畜禽生态健康养殖是保证畜禽产品质量安全、食品安全与生态安全的重要举措。结合当前市场需求和国家战略发展的要求，充分掌握畜禽生态健康养殖的技术要点，发挥生态健康养殖的技术优势，积极推进畜禽生态健康养殖方式的推广与应用，建立生态健康养殖的发展与标准化模式，严格执行畜禽饲养技术标准，对提升传统畜禽养殖产业化经营水平，促进中小规模畜禽生态健康养殖持续、稳定发展具有重要意义。实施中小规模畜禽生态健康养殖的技术要点主要有以下几点：

1. 选址合理，布局科学 畜禽养殖场的选址是实施生态健康养殖必备的硬件设施，是开启生态健康养殖的首要环节，除了工程设计和工艺流程需符合环境卫生和动物防疫要求之外，养殖场内圈舍还应根据养殖规模统一规划，合理布局。圈舍的建设必须符合畜禽的生理要求和行为习性，有利于畜禽健康、积肥与环境保护。应根据当地气候特点，充分利用当地现有资源，遵循畜禽生理生活习性、科学合理、经济实用、清洁环保、管理防疫方便的设计原则，最大限度地降低夏季高温高湿和冬季寒冷多风的气候给畜禽生长、发育和繁殖带来的负面影响，努力构建具有自身地域特色和养殖模式的圈舍建设新模式。在考虑投资者技术管理能力、经济实力、饲料资源、用工价格、市场需求，以及畜禽舍通风、防潮与保温等因素的同时，还应做到因地制宜，本着节约土地、能耗、建设成本和劳动力，适应未来发展集约化、标准化、规范化生产工艺要求的原则，科学合理地规划与建设圈舍。按轻重缓急原则，在统一规划的基础上，有计划地分批分期建设养殖场区和配套设施。按需设计建设沼气池等粪污处理设施，对畜禽粪便、污水进行集中发酵、处理及利用。场内排污不能污染场外环境。确保在整个养殖周期内圈舍

冬暖夏凉、空气清洁干燥和日常生产管理方便。

2. 品种优良，规模适度，饲料质优全价　加强对优良品种的引进，选择合适的品种进行繁殖或对当地品种进行杂交改良，是有效提高后代生长繁殖性能与产品质量的良好方法。例如，利用波尔山羊作父本、地方山羊作母本，其杂交后代在初生重、断奶重、哺乳期日增重、抗病力、抗逆性等方面具有较为明显的优势；又如，为进一步改良我国地方羊种的品质和产量，我国于 2001 年开始引入杜泊绵羊，目前主要在山东、河南、陕西、天津、山西、云南、宁夏、新疆和甘肃等省份养殖，以其为父本生产的杂交一、二代羊，较当地绵羊在哺乳期日增重、优质肉率和经济效益等方面有显著改善，取得了良好的饲养效果。

提供科学、营养、全价优质饲料，按照畜禽不同种类与不同时期的营养需求对饲料进行合理科学配置，提高畜禽整体免疫力，保证畜禽生理状态稳定；逐步建立循环、清洁生产的长效机制；建立健全高效生态健康养殖生产制度；发展适度规模的畜禽健康养殖基地。尽可能地采用舍饲圈养技术，实施精细化生态健康养殖模式，充分利用当地自然环境，规模化种植玉米及甜高粱等草料，有效地利用秸秆资源。以畜禽健康养殖为目的，以传统中医药理论为依据，研发可替代部分抗生素药品的中草药饲料添加剂，提高畜禽抗病力、抗应激、生产性能，促进生长和改善肉、奶、蛋的品质。

3. 免疫科学，用药规范　建立科学合理的免疫接种程序，实施有效的预防接种是提高机体特异性抵抗力，降低易感性、发病率和死亡率的有效措施。国内中小规模畜禽养殖场（户）应根据当地传染病流行特点，制订周密的免疫接种计划，按规定程序实施免疫接种。免疫接种一般多选在春、秋两季，实行区域免疫接种与重点免疫接种相结合，确实有效地预防接种与科学规范用药，可有效降低发病率和死亡率。对场区内饲养的畜禽进行预防接种前，应对疫苗有效期、批号、使用剂量与方法进行详细了解，并做详细记录，及时掌握畜禽接种后的应激反应和免疫效果。对于牛羊等反刍家畜，以及放养的土鸡、鸭、鹅等家禽类，由于与外界环境接触频繁，极易引发各类寄生虫病，畜禽之间发生交叉感染的概率较高，所以要定期驱虫。例如，1 只放牧饲养的波杂山羊体内往往可能同时寄生多种寄生虫，常见的有肠道线虫、绦虫、肝片吸虫、前后盘吸虫、血矛线虫等，造成羊体极度贫血和瘦弱，养羊效益严重下降。各养殖场应制订详细的驱虫计划，保证每年春、夏、秋三季各驱虫 1 次，避免寄生虫对畜禽健康造成危害。

为了有效提高抗病与驱虫效果，养殖场（户）应充分考虑寄生虫或其他微生物的耐药性和抗药性，注意用药间隔与使用剂量，避免造成人力、物力、财力的浪费和引发各类安全性问题，尽可能地减少对畜禽和人体健康造成的潜在危害。养殖场（户）所在地有关部门需具备畜禽养殖常规的药物抗药性检测技术，制订合理的用药指导计划，建立药物抗药性评价机制，对遏制药物滥用，抑制和消灭抗药虫（菌）株，规范及高效使用药物，确定用药剂量及使用频率尤为重要。

化学驱虫药物的使用易引发各类安全性问题，威胁人体健康，中草药的使用能根治化学药物所带来的诸多问题。我国中草药用于畜禽生产及防病的历史悠久。与化学驱虫药相比，中草药具有无明显毒副作用、无有害残留、无抗药性、疗效确切等独特的优点，同时富含多种蛋白质、脂肪、微量元素、维生素等营养物质，能显著增强机体免疫力、调节胃肠道消化机能、改善肉品品质，利用前景十分广阔。相信随着绿色健康养殖理念在广大养殖场（户）的深入，以及各类型中草药药剂研制工作的推进，中草药必将在畜禽生态健康养殖领域，以及促进有机生态型畜牧业生产良性循环和肉产品绿色环保品质提高方面，发挥更加重要的作用。

4. 构建完善的畜禽生态健康养殖体系与模式 生态型、专业化、规模化的循环养殖是能带动国内农村畜牧业经济发展的新模式，可切实解决目前养殖业中资源配置不合理、养殖成本高的问题。生态型循环产业链是利用自然界的物质资源和环境资源，以实现经济效益与生态效益最大化为目标，发展多元化的生产和资源循环利用的经营模式，能有效合理地配置资源、保护生态环境。积极发展生态健康养殖模式要结合当地的自然资源等条件，积极探索和发展农牧结合的生态健康养殖模式，使之形成一个完整的生态系统和循环经济链条，以点带面，在提高养殖经济效益的基础上提高生态综合效益。在国家"十四五"时期实现碳达峰、碳中和目标，推动经济社会绿色低碳转型发展，以及在新时代迫切发展循环经济的背景下，尝试与践行本书推介的"草-羊-蚓-鱼-禽-菌""稻-鸭-蚓"等多种基于循环经济的新型中小规模畜禽生态健康养殖技术与模式，将为提高国内畜禽生态健康养殖与管理水平，助推乡村振兴起到积极作用。

5. 畜禽粪便的无害化处理与资源化利用　节能减排，对畜禽粪便进行无害化处理和资源化利用，已成为当前畜牧业实现可持续发展的突破口。只有深入了解各类型畜禽粪便资源化利用的现状、途径、模式，以及存在问题，才能有效促进畜禽养殖业生产良性循环。畜禽排泄物成分较复杂，与品种、体重、生理状态、饲料组成等相关，除含有多种营养元素外，还含有较多有毒有害物质、病原微生物和寄生虫卵。目前针对畜禽粪尿缺乏有效的管理和处理应用技术，畜禽粪便无害化和资源化高效利用已成为现阶段国内农村环境保护工作重大而紧迫的任务，以及中小规模畜禽养殖业可持续发展亟待解决的问题。

目前，堆肥发酵仍然是国内今后长时期内畜禽养殖业粪尿处理常用的方式。该方式主要存在堆肥腐熟时间长、有害气体释放多、二次污染严重及效率低下等问题。这些问题已成为制约国内生态环境保护与畜禽养殖业可持续发展的瓶颈。我国畜禽粪便资源化利用潜力巨大，根据现有条件与自身养殖特色，不同规模养殖场可采用不同的利用方式，探索与构建适合当地的资源化利用模式，以实现养殖排泄物的零排放及畜禽粪便无害化处理与综合利用。近年来，随着国家建设美丽乡村的号召和畜禽养殖业粪便排放与治理相关政策的出台，我国多数养殖场着手利用多种技术对养殖业粪污进行减量减排与资源化利用。目前，粪便资源以猪粪、牛粪、鸡粪为主，且处理技术较为单一，粪便利用率低，亟待解决的问题较多。不同规模养殖场采用不同资源化利用方式，或通过构建种养结合方式实现畜禽粪便立体综合循环利用，才能有效解决畜禽养殖业环境污染现状。肥料化利用、沼气利用是我国目前粪污资源化利用的主要方式，蚯蚓养殖与食用菌栽培基料利用是粪污资源化利用的新途径。例如，养殖场通过畜禽饲养-粪污收集-蚯蚓养殖-蚯蚓与蚓粪利用等环节，构建新型生态循环模式，根除养殖面源污染，有效拓延养殖经济链，实现了粪污资源的多级利用，在有效提高单位面积内养殖密度、产量与质量的同时，减少了因粪便污染造成传染性疾病及寄生虫病的暴发流行，实现养殖效益、社会效益及环境效益和谐共赢。相信随着本书所推介的多种生态健康养殖模式的应用与推广，该模式必将在推动粪便污染治理、清洁能源利用，以及实现农民增收和农村可持续发展等方面发挥巨大作用。

6. 建立健全畜禽疫病防控体系　本着"预防为主，治疗为辅，防治结合"的原则，及时淘汰病弱畜禽，提高畜禽整体健康水平，建立健全畜禽防疫体系，加大常见畜禽疫病的防治力度，通过改善饲养环境卫生，制订和执行合理的卫生防疫制度及科学的免疫接种程序，可有效控制各类疫病的传播和暴发，促进中小规模畜禽养殖业健康发展。养殖场原则上谢绝外来人员参观，坚持自繁自养，一旦发现可疑病畜禽，及时隔离，立即诊治，最大限度减少损失。较大规模的养殖场应配备兽医诊断室，对诊断、治疗过程应有详细记录，并应具有畜禽驱虫、消毒及疫苗注射等相关防疫档案或原始记录。当发生高致病性禽流感、炭疽、口蹄疫、非洲猪瘟、小反刍兽疫等重大传染病时，应及时向相关部门上报，并采取果断措施及时隔离与扑杀，杜绝疫情蔓延。

第二章 奶牛与肉牛生态健康养殖模式与产业化发展

——以洞庭湖区和沅陵山区为例

第一节 洞庭湖区汉寿县奶牛场生态健康养殖经验与模式创新

洞庭湖作为中国水量最大的通江湖泊，是湖南的"母亲湖"，洞庭湖区自然环境独特和水、土、生物资源条件丰富，是我国著名的鱼米之乡，是湖南水利安全、粮食安全和生态安全的重要基地，是湖南省可持续发展具有活力的板块之一，目前已成为湖南省乃至全国最重要的现代农业示范区、城市腹地经济支撑试验区和国家大江大湖生态保护与经济协调发展的探索区，是我国重要的商品粮油基地、水产养殖基地。汉寿县位于湖南省北部的洞庭湖西滨，全境总面积 2 023 km²，海拔一般为 200~300m；全境地势由南向北呈阶梯状下降，以平原为主，水系发达，平原占49.07%，丘陵岗地占22.44%，其余为水面占28.49%。本章就洞庭湖区发展奶牛养殖业的优势与存在的问题进行分析，选取湘西北重镇常德市汉寿县湖南阳光乳业股份有限公司第一牧场作为调查对象，对该牧场2017—2019 年奶牛繁殖性能与繁殖疾病数据进行整理分析，介绍该场生态健康养殖与模式创新的经验。该奶牛场占地15.73hm²，饲养奶牛约750 头，每天收集约 10 t 牛粪，年生产3 000 t 有机肥，产生的尿液和污水被送到沼气池内进行处理。

一、洞庭湖区奶牛养殖概况

1. 发展奶牛养殖业的优势　近年来，我国奶牛养殖业发展迅速，奶牛养殖户、奶牛存栏量逐年递增。利用青粗饲料、饲草、秸秆及其他农副产品养殖奶牛，是奶牛养殖业未来发展的趋势。近年来，随着市场需求量的增加，我国乳制品行业发展迅速，人们对优质乳制品的需求量逐年增加。洞庭湖区气候温和、雨水充沛、草场广袤，非常适宜奶牛养殖。利用湖州滩涂、堤坝围堰、农田秸秆资源等，大力发展奶牛养殖业，着力推进奶牛生态健康养殖及其养殖模式更新，对奶牛粪便进行无害化处理和资源化利用，是促进农业生产良性循环和发展湖区畜牧业、增加养殖经济效益和生态效益、降低饲养管理成本行之有效的新举措，对湖区乃至国内奶牛养殖发展具有重要的示范作用和指导意义。

2. 发展奶牛养殖业面临的问题

（1）南北方奶牛养殖规模与技术发展不平衡。目前，我国南方与北方奶牛养殖业发展状况极不平衡。北方奶牛养殖规模化程度高，养殖技术较为先进，如涌现了蒙牛、伊利等乳业大企业。刮粪板清粪、自动发情鉴定、奶量自动计量、电子耳标等前沿技术，目前主要应用于北方养殖规模千头以上的牧场。南方奶牛养殖以散户为主，多数为养殖规模千头以下的私营牧场，以养牛售奶为主，机械化、信息化、智能化技术应用水平较低。

（2）牛场运营面临的生产风险和市场风险较大。南方地区奶牛场由于养殖规模较小、养殖技术储备较少，养殖中面临的问题较多，如牛粪处理不当、繁殖疾病多发、产奶量低、情期受胎率较低等（彭华等，2020）。同时，我国目前各牛场奶牛普遍存在单产低，鲜乳品质参差不齐，优质饲料原料和牧草多依赖进口，饲料配方精细度差，饲养管理水平较低，当地农副产品或农业废弃物（如秸秆资源）的利用率较低，繁殖疾病多发，难产率、流产率高，牧场信息化智能化技术应用普及覆盖度低等问题（张南等，2020；彭华等，2020；胡宇虹等，2020），牛场运营面临的生产风险和市场风险较大。

(3)气候因素对奶牛生长发育和繁殖影响较大。我国南方江河湖泊纵横交错,大多处于1 000 m以下的低海拔地区,与北方相比,全年雨水充沛,空气相对湿度常年维持在65%以上,冬季阴冷潮湿,夏季闷热多雨的气候非常不利于奶牛的生长和健康,奶牛养殖过程中往往会出现一些疾病,造成不必要的经济损失。南方湖区奶牛养殖规模较小,散养户较多,牛舍建设多以旧房利用或搭盖简易棚舍为主,普遍存在圈舍内空气污浊、通风不良、粪尿滞留、地面污秽等问题,极易诱发传染性病毒病和细菌性疾病。

(4)牛场相关配套设施有待完善。近年来,由于运营成本增加,环境保护力度加大,与养殖环境相关的法律法规相继出台,约80%的奶牛场被市场淘汰,500~800头养殖规模的牛场在洞庭湖周边较为多见。奶牛场的经营运作一般需要草料加工、日常挤奶、粪污处理及环境控制四大类设施与设备。比如,大型精饲料加工设施和机械设备,包括粉碎机、混合机、提升机等;奶牛青贮作业的机械化设备;挤奶与牛奶制冷等设备与附属设施;牛场粪污储存、处理及利用的设施设备,如自动清粪装置、发酵罐、发电机,以及沼渣处理装置等沼气工程配套设施。虽然国家及当地政府加大了对奶牛养殖业等民生行业的扶持力度,但养殖场区相关配套设备、设施还不够完善,尤其是牛粪的储存、处理及有机肥场等附属设施还有待进一步建设完善。

(5)生态健康养殖理念缺乏。健康养殖理念的提出是科学发展观在畜牧领域的具体体现,其科学内涵包括动物养殖全过程和动物性产品的安全、健康两个方面,最终目的是保护人类自身安全和社会稳定。20世纪90年代中后期以来,国际上健康养殖的研究内容主要涉及养殖生态环境的保护与修复、动物疫病防控、绿色药物研发、优质饲料配制、畜产品质量安全等领域。长期以来,国内养殖基础设施落后、基础研究环节薄弱、饲养技术及管理水平较低、盲目追求短期效益等原因,使得奶产品的环保生态绿色程度不高,市场竞争力弱。因此,积极发展健康养殖,打造生态畜牧业,是奶牛养殖业实现健康和可持续发展的必由出路。随着经济发展和人民生活水平的提高，消费者的消费观念已由温饱型向小康型转变，人们越来越关注生活质量和食品安全，对奶产品的安全性和内在品质提出了越来越高的要求，所以奶牛养殖模式更新，倡导生态健康养殖势在必行。

生态健康养殖是在一定的养殖空间和区域内，确实有效地利用当地生态资源，通过相应的技术和管理措施，促使动物健康生长，提高养殖效益并保持生态平衡的一种养殖模式。生态健康养殖的目标是生产无公害、绿色、有机畜产品。洞庭湖区有较多天然草场，较为适宜发展奶牛业。广大奶牛养殖户可结合湖区生态环境与可利用资源，进行科学生态健康养殖，在追求经济效益的同时，走可持续发展之路。

洞庭湖区面积广阔，利用湖州滩涂、堤坝围堰、农副秸秆资源等大力发展奶牛养殖业，对牛粪进行无害化处理和资源化利用，着力推进奶牛健康养殖及其养殖模式更新，是促进农业生产良性循环和发展湖区畜牧业，降低饲养管理成本行之有效的新举措。它不同于传统的粗放型饲养，而是精细型、效益型和生态型科学管理的奶牛饲养新模式，既完善了农牧有机结合，又彰显了生态健康养殖生产模式，最大限度地获取优质奶品和减少对生态环境的破坏。利用当地自然资源适度规模发展奶牛健康养殖，着力打造绿色环保畜牧业生态链，推进奶牛养殖技术及养殖模式更新，促进有机生态型畜牧业生产良性循环，提高养殖经济效益和生态效益，对国内其他地区奶牛养殖发展具有重要的示范作用和指导意义。

二、湘西北奶牛繁殖性能与繁殖疾病调查

奶牛产业是湘西北的优势、特色产业。奶牛的繁殖性能直接影响产业的经营效益。不同环境条件和饲养管理措施对奶牛繁殖性能会产生较大影响。其中，季节、繁殖障碍疾病等是影响奶牛生产与繁殖性能的重要因素（李艳华等，2014；郑中华等，2019）。为了了解湘西北地区奶牛繁殖性能，提高奶牛各项繁殖指标，减少繁殖

障碍疾病的发生，本书选取湘西北重镇常德市汉寿县湖南阳光乳业股份有限公司第一牧场内 700 余头荷斯坦牛 2017—2019 年有记录的各项繁殖数据进行统计分析。分析比较年度、月份、季节等因素对受胎率、产犊率等繁殖指标的影响。结果表明，该奶牛养殖场年平均受胎率、繁殖率分别为 87.92% 和 83.26%；第 1 情期受胎率为 47.37%，显著低于国内其他地区 50%～60% 的平均水平（$P<$0.05）；受胎所需平均输精次数为 1.94 次，产犊间隔为 427.36 d，显著高于国内其他地区 410 d 的平均水平（$P<0.05$）；产犊主要集中在 9—12 月，产犊率占总产犊率的 50%；子宫内膜炎、胎衣不下是影响该场奶牛繁殖性能的主要繁殖障碍疾病，患病奶牛平均每年占适繁奶牛数的 19% 和 13%。这说明湘西北地区奶牛受胎率、产犊率等繁殖指标和整体繁殖性能接近国内平均水平，热应激、子宫内膜炎等繁殖障碍疾病是影响湘西北奶牛繁殖性能的主要因素。具体调研结果如下：

1. 奶牛养殖场的基本情况　该奶牛场年均存栏生产母牛 740 头，日均产鲜奶约 11 t。奶牛采用半封闭式栏舍饲养，自由饮水，每天 3 次定量供给日粮，分别为 7：30、14：30、21：00 饲喂。日粮配方：每头牛，精饲料 11.5 kg、青贮饲料 10 kg、甜菜粕 2 kg、青贮苜蓿 2 kg、进口苜蓿 4 kg、棉籽 2 kg、燕麦草 1 kg、酒糟 5 kg。每天挤奶 3 次，分别为 7：00、14：00、20：30。牛舍每天用刮粪器刮粪 6 次，每周用来苏儿消毒液对牛舍进行喷雾消毒 2～3 次。

2. 2017—2019 年奶牛场整体繁殖状况　如表 2-1 所示，近 3 年该奶牛场奶牛总数基本持平，适繁母牛一般生产 3～5 胎后淘汰。2017—2019 年，该牛场适繁母牛占牛群总数的比例分别为 74.93%、78.13%、77.43%；产犊间隔、第 1 情期受胎率、总受胎率、年繁殖率、受胎所需平均输精次数基本稳定，均值分别为 437.36 d、47.37%、87.92%、83.26%、1.94 次。牛场年流产率在近 3 年内由 7.44% 逐年下降至 5.74%，平均值显著低于国内其他牛场平均 10% 的异常流产率（$P<0.05$）（巫亮等，2009）。年死

胎率在 2017 年时最高，2018 年最低，均值为 1.83%，年变幅小于 1%。

表 2-1 不同年份该奶牛场主要繁殖性能指标统计

指标	2017 年	2018 年	2019 年
总饲养牛数（头）	742	736	740
适繁母牛数（头）	556	575	573
年授精母牛数（头）	1 112	1 099	1 106
年妊娠母牛数（头）	519	502	505
年死胎数（头）	11	7	10
年流产数（头）	49	37	29
年产犊母牛数（头）	460	455	476
产犊间隔（d）	428.51	427.86	425.71
年产双胎的母牛数（头）	10	7	10
第 1 情期受胎率（%）	48.03	46.19	47.90
总受胎率（%）	90.34	85.30	88.13
年死胎率（%）	2.12	1.39	1.98
年繁殖率（%）	83.33	83.09	83.36
年流产率（%）	7.44	7.37	5.74
受胎所需平均输精次数（次）	1.98	1.91	1.93

3. 不同月份对奶牛受精率、妊娠率及产犊率的影响 如表 2-2 所示，9—12 月是该奶牛场产犊的主要时间，产犊率约占全年产犊率的 50%，该牛场受精率、妊娠率指标占全年受精率、妊娠率的 50% 左右。相较 9、10、12 月份，11 月的受精率、妊娠率较低，可能的原因是 11 月时湘西北天气多变，骤然降温导致奶牛体况不良，致使繁殖性能下降。2017 年 6—8 月受精率、5—8 月妊娠率和产犊率；2019 年 5—8 月受精率、妊娠率和产犊率相较其他月份低（P＜0.05），分析原因可能与天气炎热、高温高湿，容易导致奶牛热应激有关（牛华锋等，2018）。由图 2-1 和图 2-2 可知，2017—2019 年夏季受胎率最低，为 30%～37%，流产率最高，为 29%～33%；秋季

受胎率最高，为50%～60%，流产率最低，为8.5%～10%。春冬两季每年受胎率较为稳定，基本维持在45%～55%。湘西北地区的年最高温一般出现在夏季，热应激对母牛繁殖性能影响较大。

表2-2　不同月份对奶牛受精率、妊娠率及产犊率的影响

月份	2017 年			2018 年			2019 年		
	受精率（%）	妊娠率（%）	产犊率（%）	受精率（%）	妊娠率（%）	产犊率（%）	受精率（%）	妊娠率（%）	产犊率（%）
1	8.54	8.09	7.45	6.64	6.53	6.49	6.06	6.02	5.56
2	8.81	8.48	7.23	6.92	6.18	5.84	6.78	6.69	6.28
3	6.21	6.12	5.87	6.46	6.27	6.11	6.43	6.37	6.17
4	6.29	6.13	5.90	6.19	6.18	6.05	6.24	5.94	5.25
5	6.38	4.89	4.24	5.91	4.78	4.63	5.42	4.95	4.12
6	5.31	5.11	4.77	8.19	6.78	5.90	5.15	4.76	3.91
7	5.04	4.68	4.26	7.83	4.78	3.03	4.42	4.36	3.70
8	5.67	4.62	3.62	6.46	4.18	3.09	3.88	3.51	2.94
9	13.40	13.18	12.68	14.65	14.33	14.23	17.63	17.45	16.87
10	13.76	13.57	13.33	12.01	11.94	11.73	16.47	15.94	15.75
11	9.08	9.01	8.98	8.01	7.96	6.93	10.14	10.11	9.97
12	11.51	11.29	10.77	10.74	10.54	9.94	11.38	10.99	10.41

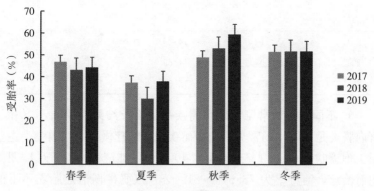

图2-1　2017—2019年不同季节对母牛受胎率的影响

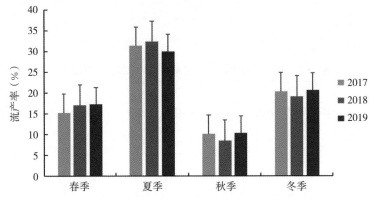

图 2‑2　2017—2019 年不同季节对母牛流产率的影响

4. 不同年份奶牛场主要繁殖障碍疾病　由表 2‑3 和图 2‑3 可以看出，子宫内膜炎和胎衣不下是该牛场奶牛主要的繁殖障碍疾病，平均每年患上述疾病的奶牛分别占适繁奶牛数的 19％和 13％，与我国其他奶牛场（新疆昌吉地区）的平均值 11.24％和 13.11％（赵永旭等，2018）相比，子宫内膜炎发病率偏高。该场奶牛流产率、难产率与我国其他地区奶牛场流产率 5％～10％与难产率 5％～7％的平均值相近（梁小军等，2012）。

表 2‑3　近 3 年主要繁殖障碍疾病统计

年份	子宫内膜炎发病率（％）	胎衣不下发病率（％）	流产率（％）	难产率（％）
2017	18.71	14.39	9.44	5.94
2018	20.00	11.65	7.37	7.87
2019	18.85	12.57	5.74	3.56

5. 不同年份对常见繁殖障碍疾病的治疗结果　胎衣不下和子宫内膜炎是该奶牛场常见繁殖障碍疾病。治疗慢性子宫内膜炎主要用头孢噻呋钠 0.5～1 g 或青霉素 400 万 IU 加链霉素 100 万 U 肌内注射治疗，治愈率为 78.6％～81.4％。该奶牛场治疗胎衣不下的方案有 2 种，分别是：方案 1，金霉素 2 g、依沙吖啶（利凡诺）

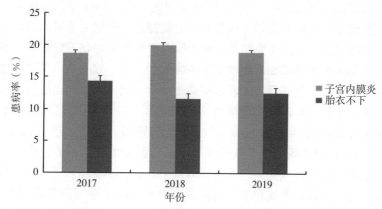

图 2 - 3　不同年份子宫内膜炎和胎衣不下患病率（占适繁母牛数）比较

0.5 g、蒸馏水 500 mL 灌注子宫；方案 2，长效土霉素液 50~200 mL 灌注子宫，治愈率均值分别可达 73.86％和 73.63％。这对其他奶牛场治疗上述繁殖疾病具有借鉴意义。

表 2 - 4　奶牛场 2017—2019 年常见繁殖障碍疾病治愈率统计

年份	胎衣不下治愈率（％）		慢性子宫内膜炎治愈率
	方案 1	方案 2	（％）
2017	73.43	74.17	81.37
2018	75.30	73.31	78.60
2019	72.85	73.40	79.91

　　通过对该奶牛场 2017—2019 年有记录的各项繁殖数据进行统计分析后发现，该场奶牛场近 3 年第 1 情期受胎率仅有 46.19％~48.03％，远低于国内理想数据 50％~60％。国内外学者的研究表明，第 1 情期受胎率的高低主要与奶牛场饲养管理有关，营养缺乏或失衡是造成奶牛第 1 情期受胎率低的重要原因（郑中华等，2019；姜宏星等，2017）。因此，该奶牛场奶牛饲粮品种和配比还有待改进，应根据奶牛所处的不同生理时期配制适宜的饲料，以保证发情期日粮营养和维持繁殖母牛中等以上膘情。该牛场受胎所需平均输精次数略高于国内平均值，可能与输精操作和公牛精液品质

密切相关（刘宜勇，2013）。针对此问题，奶牛场应考虑加强对人工授精操作人员的培训，规范人工输精操作。根据王子成（2016）、崔玉霞（2008）的研究结果，受胎率与养殖方式存在一定联系，散养运动多的牛群较圈养运动少的牛群受胎率高，该奶牛场可以通过定期散放养殖促进母牛运动来提高受胎率。奶牛产犊间隔的长短与品种、年龄、胎次、管理等许多因素有关，干奶期的营养供应不足，会导致母牛产犊间隔延长（姜淑妍等，2019；李权武等，2000）。该奶牛场奶牛产犊间隔高于国内其他牛场平均值，应提高干奶期和妊娠后期奶牛的日粮营养水平，强化矿物质和维生素的补给。近 3 年该奶牛场奶牛平均流产率为 6.85%，主要发生在夏季，显著高于国内其他地区 5% 的流产率。许多研究表明，高温可以直接导致奶牛繁殖性能下降、空怀期延长、流产率增加等（郑中华等，2019；刘宜勇，2013）。针对夏季牛群流产的情况，牛场应修建绿化隔离带，提高场区内绿化面积，加强畜舍通风，使用喷淋设备等减小高温对牛群繁殖的影响。从表 2-3 和图 2-3 可知，子宫内膜炎是该奶牛场最主要的繁殖障碍疾病，患子宫内膜炎的牛占整个牛群的 19%，远高于国内其他地区数据（胡选浩，2017）。分析原因，可能是由于营养不良导致抗病力下降，细菌侵入子宫体而引发，应加强围产期母牛的饲养管理，认真做好产前、产后母牛繁殖障碍疾病的检查与监控，及时发现及时治疗。

三、不同饲料配方对奶牛产奶性能的影响

以提高奶牛饲料转化率、降低企业运营成本、提高奶牛场经济效益为目的，比较广东省英德市某奶牛场和常德市汉寿县湖南阳光乳业股份有限公司第一牧场奶牛的饲料配方，探讨饲料配方对奶牛产奶量、乳蛋白、乳脂率的影响，为广大南方地区中小规模奶牛养殖场（户）合理配制饲料、科学高效饲养奶牛提供可行性参考。笔者所在课题组对两个奶牛场进行实地调研发现，两个奶牛场使用 3 种配方饲喂奶牛，青贮秸秆、玉米、豆粕、苜蓿和酒糟等均为日粮配方中的主要原料。采用配方 2 对奶牛产奶量、乳蛋白率提升效果

较其他 2 种配方好，其乳蛋白率为 3.32%，产奶量平均每天为 28 kg/头，乳脂率为 3.78%。

1. 两个奶牛场采用的 3 种饲料配方

（1）配方 1。青贮秸秆（42.69%）、啤酒糟（27.49%）、苜蓿（16.96%）、燕麦草（5.26%）、棉籽饼（4.06%）、甜菜渣（2.94%）、精饲料（0.6%）（图 2 - 4、图 2 - 5）。

图 2 - 4　燕麦干草　　　　　　图 2 - 5　奶牛精饲料

（2）配方 2。青贮秸秆（32.88%）、啤酒糟（26.65%）、苜蓿（19.84%）、燕麦草（7.94%）、棉籽饼（9.07%）、甜菜渣（2.83%）、精饲料（0.79%）。

（3）配方 3。青贮秸秆（20.00%）、啤酒糟（31.33%）、苜蓿（23.36%）、燕麦草（15.33%）、甜菜渣（5.33%）、棉籽饼（4.00%）、精饲料（0.65%）。

注：上述 3 个配方中的精饲料均主要由玉米、豆粕、碳酸氢钙、石粉、碳酸氢钠、盐、泌乳牛预混料等组成。

2. 饲料配方对产奶量、乳脂率及乳蛋白率的影响

（1）饲料配方对产奶量的影响。对表 2 - 5 中的数据进行分析发现，配方 2 对应的奶牛每天的产奶量较配方 3 和配方 1 的高。青贮秸秆维持在 30% 左右，适当增加棉籽饼（控制在 10% 以下）和精饲料用量可提高奶牛产奶量，玉米等能量饲料摄入越多，产奶量越高。

（2）饲料配方对乳脂率的影响。由表 2 - 5 中数据可知，饲喂

3 种配方饲料的奶牛所产奶的乳脂率由高到低排序为配方 1、配方 3 和配方 2。饲料中的谷物、豆粕、棉籽饼和脂肪酸添加剂等是乳脂的重要来源。相对于青贮饲料来说，新鲜的草料脂肪酸含量较少，配方 1 中青贮秸秆占比较配方 2 和配方 3 分别高出约 10％和 22％，乳脂率最高。

（3）饲料配方对乳蛋白率的影响。由表 2-5 中乳蛋白率数据发现，3 种配方对乳蛋白率影响差异不显著，配方 2 所喂奶牛所产奶的乳蛋白率较其他两种配方略高。

表 2-5　饲料配方对产奶量、乳脂率及乳蛋白率的影响

配方	产奶量（kg）	乳脂率（%）	乳蛋白率（%）
配方 1	25	3.9	3.29
配方 2	28	3.78	3.32
配方 3	26.5	3.82	3.31

奶牛产奶性能包括产奶量和乳品质。产奶性能受多种因素影响，包括品种差异、个体差异、年龄差异、摄食水平、泌乳阶段、气候、环境、疾病和药物效应等。奶牛的饲料配方复杂多样，主要分为精饲料和粗饲料。粗饲料主要包括干草、秸秆、青绿饲料、青贮饲料 4 种。精饲料主要有谷实类、糠麸类、饼粕类 3 种。通过比较两个南方奶牛场日粮配比对奶牛产奶性能的影响后发现，奶中的乳蛋白率和产奶量偏低，可以考虑在饲料中增加能量饲料的占比和蛋白饲料占比，如菜籽饼等。脂肪添加剂添加过多会降低乳蛋白率和产奶量。乳脂率偏低时可适当提高青贮饲料的占比，或者提高脂肪酸类含量高的饲料原料，如豆粕、青贮玉米、青贮秸秆、脂肪粉等。采用配方 2 饲养奶牛，可获得较高的产奶量和乳蛋白率。

四、生态观光型奶牛场运营与模式创新

奶牛养殖能够带动农村经济发展。充分利用山区废地种草发展奶牛养殖业，有利于土地资源开发。目前，我国部分牧场已经实现机械化挤奶和全混合日粮（total mixed rations，TMR）饲喂。全

混合日粮配比科学，能根据奶牛所处的生长时期不同灵活调整饲料配方，确保奶牛摄入生长发育所需的足够养分。部分奶牛场对现有设备与设施建设改造的同时还着手生态观光型奶牛场运营的尝试。湖南常德市汉寿县湖南阳光乳业股份有限公司第一牧场在原有奶牛养殖的基础上，借助市场机遇与外部资金对牧场进行现代化改造与转型升级，不断完善牧场景观与休闲观光设施，面向幼儿园、中小学生、大学生、旅游团等社会团体单位开放，可参观挤奶厅挤奶、奶制品加工制作流程、牛场陈列馆、牛粪沼气发酵设施与牛粪有机肥生产、饲草储运加工调制车间等场景，现场品尝鲜奶，体验现代奶牛养殖与鲜奶和奶制品生产加工过程（图2-6至图2-11）。农业农村部最近印发的《全国乡村产业发展规划（2020—2025年）》中指出，产业兴旺是乡村振兴的重点，是解决农村一切问题的前提。发展乡村产业是乡村全面振兴的重要根基，乡村休闲旅游业是农业功能的辐射拓展，要坚持个性化、特色化发展方向，开发形式多样、独具特色、个性突出的乡村休闲旅游业。生态观光型牛场的运营与模式创新迎合了人们对健康、生态、清洁生产工艺的要求，以及安全、优质、无公害有机畜产品的市场需求，综合开发利用各种现有资源，积极转变奶牛场生产运营方式，通过参观人群的体验与宣传，进一步扩大品牌影响力，提高产品在当地市场的知名度和占有率，明确可持续发展的标准和方向，找准未来市场定位，为牛场进一步的现代化改造与转型升级奠定基础。

图2-6　改造前的牛舍内部环境　　　图2-7　改造后的牛舍内部环境

图 2-8　牛舍内部环境

图 2-9　先进的奶牛挤奶设备

图 2-10　接待游客的奶牛生活馆

图 2-11　牛舍中的荷斯坦牛

五、牛粪有机肥生产与蚯蚓养殖技术

1. 牛粪有机肥生产工艺流程　堆肥是一种生物氧化过程，可促使有机物分解成二氧化碳、氨、水和部分腐殖质。堆肥是有机肥制作的关键。不同的厂家应根据不同的使用需要和粪便特性，利用不同的堆肥方式进行粪肥发酵。本书紧密结合洞庭湖区奶牛养殖业规模和突出特点，从奶牛粪便无害化处理、高效利用及增收创收的角度，通过介绍和探讨湖南阳光乳业股份有限公司第一牧场牛粪有机肥制作工艺流程、腐熟工艺、添加的外源菌剂及辅料类型、主要设备，为其他中小规模养殖场牛粪的高效利用，构建当地特色循环经济，促进生物有机肥工业化生产，优化牛粪有机肥加工工艺和配方，实现畜牧业健康可持续发展，以及为其他类型畜禽粪便生物有机肥制作提供可行性参考。该奶牛场每天收集约 10 t 牛粪，年生产 3 000 t 有机肥，产生的尿液和污水经过干湿分离后被送到沼气池内进行发酵。该奶牛场牛粪有机肥制作具体工艺流程为：脱水—添加辅料与外源菌剂—发酵—翻堆—打条—翻堆—二次发酵—半成品—化学肥料添加—成品。牛粪发酵腐熟过程中添加的辅料主要有烟灰、锯末和谷糠，所占比例分别为 20%、10% 和 30%；外源菌剂为有机物料腐熟剂，添加量为 0.1%，打条高度和宽度均为 1 m，内部发酵温度可达 50～60 ℃，翻堆 7 d 后即成半成品。牛粪发酵腐熟时间，冬季约 30 d，夏季约 15 d。有机肥制作设备主要为传送机、铲车、搅拌机等（图 2-12、图 2-13）。具体工艺流程如下：

图 2-12　牛粪沼气发酵设施　　　图 2-13　牛粪的干湿分离

（1）牛粪有机肥制作前的准备。牛粪有机肥生产主要包括两项准备工作，即有机肥的生产设备和生产需要的原料及辅料的准备。该奶牛场根据养殖规模搭建了一个供牛粪堆肥发酵的条垛式发酵棚，地面牛粪堆垄尺寸为长 20 m、宽 1 m、高 1 m。堆肥辅料有谷糠、糟渣、麸皮、锯末、烟灰等一些含水量较低的原料，主要是用来吸附牛粪发酵过程中释放的有毒和异味气体。辅料质量要求，粒度不大于 2 cm，无结块，具有良好的吸水性和保水性。

（2）脱水。将含水量约为 80% 的新鲜牛粪收集起来（图 2-14），与其他辅料进行混合堆肥之前，对牛粪需进行一定程度的预处理。在空气湿度低的季节采用晾晒法进行牛粪脱水；在雨季或寒冷季节可以使用脱水机处理，将牛粪含水量降至 50% 左右；还可在牛粪堆中加入已发酵完全的低含水量物料，通过两种干湿料混合来达到预期含水量。

（3）发酵。将牛粪脱水之后，与干草、烟灰、锯末、谷糠和有机肥料腐熟剂按照一定比例进行混合搅拌（图2-15）。牛粪与辅料的混合比例约为7∶3，混合后的物料含水量应控制在45％～55％。判断方法为抓一把物料在手里，以指缝间有水但不滴下为宜。由于牛粪本身含碳量较高，发酵过程中可以加一些氮源，每吨牛粪中需添加1～2 kg外源菌剂。在发酵期内，可将物料分成多个小堆后再铺撒菌种，充分混合均匀后再打条堆放。牛粪在地面上充分发酵，需定期翻堆，主要目的是促进氧气和物料充分接触，在为混合物中的微生物繁殖提供氧气的同时，分散堆肥产生的热量，有利于牛粪腐熟。当堆内温度升至60 ℃以上时，在48h后翻堆；当温度超过70 ℃时，必须立即进行翻堆，防止温度过高杀灭堆内促腐微生物，翻堆次数由堆肥的腐熟程度决定。由于多数微生物为需氧微生物，堆肥的含氧量必须保持在5％～15％，条堆内的含氧量主要通过翻堆通风来满足，翻堆可以人工操作也可以使用翻堆机。翻堆机配套的分配机和移送机可显著提高工作效率，将混合物进行定点堆置，并使发酵物料的水分和热量快速蒸发和消散。

图2-14　待处理的新鲜牛粪　　　图2-15　与牛粪混合的谷糠与烟灰

牛粪第1次自然发酵时间为15 d左右，第2次发酵的物料含水量宜控制在55％～65％，并需加入高效外源菌剂，堆肥初期有效微生物量应为10^6个/g或更高。整个堆肥过程由低温、中温、高温和冷却4部分组成。堆肥温度一般为50～60 ℃，最高温度为

70～80 ℃。堆肥必须保持在高温（45～65 ℃）至少 10 d，以杀死发酵物中的病原体、虫卵等，以提高有机肥的效用和质量。在第 1 次发酵完的牛粪物料中加入有机肥料腐熟剂（Rw 酵素剂或 Rw 促腐剂），每千克 Rw 促腐剂或 Rw 酵素剂可处理 1 t 牛粪（图 2‐16、图 2‐17）。在发酵棚中，物料堆的底部宽度控制在 1.8～3.0 m，上部宽度为 0.8～1.0 m，高为 1.0～1.5 m 为宜。物料堆放横截面呈梯形，两堆间距保持 0.5 m。第 2 次发酵时间为 20～40 d，结合季节和气候状况而有所不同（图 2‐18、图 2‐19）。在翻堆时一定要均匀彻底，尽量将底层物料翻到堆垛顶部。物料完全发酵腐熟的

图 2‐16　添加外源菌剂后发酵中
　　　　　的牛粪

图 2‐17　牛粪发酵过程中产生的
　　　　　微生物

图 2‐18　夏季牛粪有机肥制作
　　　　　现场

图 2‐19　冬季牛粪有机肥制作
　　　　　现场

标准：物料颜色变成棕色或深褐色，腐熟堆体的体积比刚堆成的条垛减小 1/4 左右。牛粪经过第 2 次发酵即可得到牛粪有机肥半成品，送到加工厂进一步添加化学肥料后进行干燥、粉碎、造粒和检测装袋等工艺即成成品。

2. 牛粪有机肥制作关键影响因素　研究表明，牛粪含水率、碳氮比（C/N）、堆肥的温度与含氧量等因素都会对牛粪发酵产生很大影响。

（1）含水量。控制好牛粪发酵前的含水量，对粪肥堆制发酵微生物的生长至关重要，水的主要作用是溶解有机物、为微生物提供营养、蒸发热量、调节物料堆的温度等。牛粪堆肥期间，50％～60％的含水量最有利于微生物分解；当含水量超过 70％时，牛粪中的有机物分解速率会显著降低，因为多余的水分代替了空气并占据了堆叠中的空隙，限制了需氧微生物与氧气之间的接触，从而导致好氧微生物活性降低，影响好氧发酵堆肥效果。当含水量低于40％时，也不能满足微生物的生长需求，致使有机分子难以分解。由此可见，控制好堆肥牛粪基料中的含水量至关重要。

（2）氧气供给。好氧发酵是在有氧条件下好氧微生物对有机物的快速降解，是确保好氧发酵顺利进行的重要因素之一。通过翻堆通风增加氧气供应可为微生物代谢提供氧气，降低基料水分和调节温度。若通风不足，好氧微生物的活性会受到抑制，发酵周期延长，并影响牛粪生物有机肥的质量。若通风太强，微生物活动剧烈，牛粪中的有机物分解加剧，腐殖质积累减少，同时会带走大量热量并降低发酵温度。一般根据堆体内部中心温度来决定翻堆频率。

（3）温度。堆体的温度变化是发酵过程的宏观反映，也是影响堆体内部微生物活性和发酵过程的重要因素。堆肥发酵的目的是通过迅速提高堆肥的温度，使其保持在适当温度范围并维持一定的时间，以降解有机物并杀死其中的病原微生物。不同种类的微生物对温度有不同的要求。一般来说，嗜温细菌适合的温度为 30～40 ℃，发酵的适宜温度为 45～60 ℃，牛粪发酵的理想温度为 50～60 ℃。

温度是衡量堆肥过程中微生物活动与活力最为直接的关键影响因素，掌握牛粪发酵不同阶段的温度，并采取有效措施进行人工干预可促进堆体的腐熟。

（4）辅料的影响。堆肥通常需要添加一些辅助材料来调整肥料堆制过程中的碳氮比和含水量。此外，这些辅料本身也是有待于处理的生物资源。常作补充碳源的辅料主要有稻草、锯末等；可用作湿度调节的辅料主要是蔬菜渣、生活垃圾等。根据当地实际情况，利用烟灰、锯末和谷糠等作为牛粪发酵的辅料发酵效果较佳。

（5）外源菌剂的影响。为了缩短堆肥周期并提高堆肥质量，可在堆肥过程中适当添加市售微生物制剂强化牛粪高温好氧堆肥。接种外源微生物后可使牛粪提前 2～3 d 达到高温阶段，并将高温阶段延长 3～5 d。牛粪堆体的温度需高于 50 ℃，并维持 8 d 以上，即可达到无害化处理的要求。市售 EM 菌剂、有机物料腐熟剂等均有助于牛粪腐熟发酵，增加基料中 N、P 和 K 等的养分含量。

3. 中小规模养殖场牛粪有机肥制作存在的问题与建议　发酵工艺的掌握对于有机肥的制作至关重要。中小规模养殖场牛粪有机肥制作主要存在以下问题：①利用牛粪制作有机肥料的生产技术和工艺落后，厂房较为简陋，设备简单，有机肥的生产效率不高，缺乏完整的质量控制体系。②工人缺乏理论技能培训，对于牛粪处理与发酵关键技术掌握欠佳，导致牛粪二次发酵工序不到位，若牛粪未完全腐熟，会导致肥料烧苗，给农民造成损失。③奶牛场经营者对所属有机肥厂的承载能力和消纳能力缺乏系统的了解，由此可能带来物料的浪费和环境与水源的污染。

随着国内各地区奶牛、肉牛等养殖业规模化、集约化的快速发展，产生的各类畜禽粪便对环境造成了巨大的压力。针对上述问题，合理安排工人生产，加强对技术人员进行定期理论和实操培训，通过改进相关工艺设备和优化生产方法，进一步提高有机肥的质量和生产效率，减少生产过程中的噪声和空气污染，可真正实现畜禽粪便无害化处理。

4. 牛粪蚯蚓养殖技术　蚯蚓养殖成本低，市场前景好，是国家重点扶持的绿色新型特色产业，产品供不应求。各中小型养殖场可以利用林地、牧场等场地养殖蚯蚓，不仅养殖成本低，经济效益可观，而且能利用蚯蚓来改良当地草场、土坡，促进农林牧各方面综合增产，增加农业附加值。利用牛粪进行蚯蚓养殖是实现畜禽粪便资源化利用的有效手段之一，其操作简便易行、降污环保、节资增效，具有广阔的推广应用前景。目前，市售的红蚯蚓多数是以牛粪为基料养殖生产的。现以位于湖南阳光乳业股份有限公司第一牧场附近的蚯蚓养殖场为例，介绍牛粪养殖蚯蚓关键技术。

该蚯蚓养殖场位于常德市汉寿县聂家桥乡，2011 年建场，占地面积约 2 hm²，年产蚯蚓约 2 万 kg，消耗牛粪 2 000 t/年，生产蚯蚓粪 600 t/年。该场养殖的蚯蚓品种为赤字爱胜大平 3 号红蚯蚓，产品主要销往湖南省内外各大药店、饲料加工厂、渔具店等。为了合理有效利用当地资源，提高蚯蚓生长速度和抗病力，笔者与该蚯蚓养殖场展开合作，相继开展"蚯蚓牛粪大田养殖""洞庭湖区蚯蚓高产养殖技术"等项目的研究，研究成果大幅提高了牛粪养殖蚯蚓的成活率和产出效率，有力促进了利用各类畜禽粪便进行蚯蚓特色养殖技术的完善与应用。

（1）选址。利用牛粪进行蚯蚓露天养殖，应选择排水良好、无农药污染、飞鸟老鼠活动较少的地块，养殖前需平整地面。

（2）引种。目前，国内常见的蚯蚓养殖品种有大平 2 号、大平 3 号和北星 2 号等。它们具有适应性强、食性广、繁殖快、生活周期短、抗寒与抗病力强等特点，是国内外目前重点推广养殖的种类，其体重在 0.4 g 左右时即可达到性成熟，在适宜条件下可全年产卵茧。成年蚯蚓体长 9～14 cm，背面及侧面橙红色，腹部略扁平，喜欢栖息于腐殖质丰富的土表层。大平 3 号蚯蚓是大平 2 号和北星 2 号进行杂交并经多年提纯复壮选育而成的，其色泽鲜红，外形大致与大平 2 号相似，体重 0.4～1.5 g，因其较大平 2 号成熟早，产量高，抗寒力强，目前被多数养殖场选种养殖。

（3）养殖基料的准备。据统计，每头成年牛每天产粪约 15 kg，牛粪露天堆积发酵 1 个月左右后即可用于蚯蚓的饲养。利用纯牛粪或牛粪搭配鸡粪、猪粪、羊粪等其他畜禽粪便均可用于蚯蚓养殖。相关研究表明，玉米秸秆腐熟后与牛粪混用饲养蚯蚓效果也较好。将配制处理好的牛粪基料铺制 90～100 cm 宽、高 15～20 cm、间距为 100～150 cm 的蚯蚓饲养床，床堆长度可根据饲养规模及产粪量自行调整。

（4）下种。蚯蚓床铺设完后晾晒 1～2 d，将基料中的有害气体挥发完全后浇 2 遍透水，等到基料相对湿度到 60％左右时即可下种养殖。种蚯蚓下种密度为每亩[①]100 kg。

（5）日常管理。下种后的蚯蚓主要分布于蚓床上层 30 cm 厚的基料中。养殖蚯蚓的寿命一般为 1～3 年，成年蚯蚓交配 5～8 d 后开始产卵，之后每隔 1 d 产卵茧 1 枚，蚓茧经 21 d 孵化后，生长 60 d 左右可达到性成熟。春秋两季是蚯蚓的生长旺季，适宜生长温度为 10～28 ℃，平时管理应定期加料防止逃逸，防鸟防鼠。夏季保持基料湿润，可在蚓床条堆上铺厚 10 cm 左右的稻草和遮阳网。北方冬季通过搭建大棚保持其生长繁殖所需的温度后，较露天养殖产量提高 15％～30％。夏季高温和冬季低温都会影响其生长与繁殖，蚯蚓生长到 100 d 后生长变慢，此时捕捉收获效益最高。蚯蚓养殖每亩年消耗牛粪约 30 t，年产鲜蚓 300 kg，年产蚓粪 20 t。夏冬两季牛粪养殖蚯蚓现场见图 2-20 和图 2-21。

图 2-20　夏季牛粪养殖蚯蚓现场　　　　图 2-21　冬季牛粪养殖蚯蚓现场

---

① 亩为我国非法定计量单位，1 亩≈667 m²。——编者注

（6）收获。用牛粪养殖蚯蚓，收获时，在两列蚓床间隙铺设宽150～200 cm 的塑料膜，用钉耙把蚓床上层富含蚯蚓的厚 30 cm 的基料耙到塑料膜上，利用蚯蚓怕光的生物学特性，逐层将无蚯蚓活动的养殖基料回耙到蚓床，多次回耙后，蚯蚓即可集中于塑料膜上（图 2-22、图 2-23）。

图 2-22　牛粪大田养殖蚯蚓收获 现场　　　　　　　图 2-23　收获后的大平 3 号蚯蚓

实践证明：利用牛粪或牛粪搭配其他畜禽粪便进行蚯蚓养殖拓宽了各类畜禽粪便资源化利用的深度和广度，对国内中小规模养殖场构建种养结合立体养殖模式和改善农村生态环境、创建生态种养产业、发展具有当地特色的循环经济具有积极的示范作用。

5. 不同畜禽粪便基料配比对大平 3 号蚯蚓养殖的影响　我国养殖业每年产生大量畜禽粪便。目前国内对于畜禽粪便的无害化处理与资源化利用的技术手段有限，造成了严重的环境污染。畜禽粪便质地疏松，氮、磷、钾及微量元素含量丰富，具有较高的资源开发潜力。蚯蚓养殖作为近年来新兴的粪便资源化利用的有效途径，具有广阔的推广应用前景。利用畜禽粪便养殖蚯蚓，周期短、见效快，而目前对于猪、鸡等粪便是否可以进行蚯蚓养殖以及如何配比养殖均鲜有相关报道。

为了保护农村生态环境，为广大中小规模畜禽养殖场（户）科学、合理地利用粪便资源，增加养殖经济效益和生态效益，实现畜牧业健康可持续发展，明确不同畜禽粪便基料配比对大平3号蚯蚓养殖的影响，为畜禽粪便合理配比及大田蚯蚓养殖提供可行性参考，笔者所在课题组以牛粪养殖蚯蚓为对照，不同畜禽粪便两两组合，设计不同组合比例的粪便基料，利用花盆室内养殖法进行小规模试验，观测、分析和比较大平3号蚯蚓在不同组合与配比基料中的取食、排粪、逃逸情况及适应性等生物学特性指标，从而获得2种粪便的最佳组合与配比，并在此基础上获得3种和4种不同粪便的最佳组合与配比。不同种类畜禽粪便以及不同组合对大平3号蚯蚓养殖具体影响如下。

（1）花盆室内蚯蚓养殖结果。由表2-6可见，利用牛粪为基料养殖蚯蚓的效果最好，其次是羊粪、兔粪、猪粪、鸭粪，鸡粪养殖效果最差，蚯蚓逃逸及死亡数量最多。

表2-6　不同畜禽粪便蚯蚓养殖况比较

种类	pH	最适活动范围（cm）	逃逸数（条）	死亡数（条）	日蚓粪质量（g/盆）
牛粪	7.5～8.0	5～16	0	0	11.4±2.3
羊粪	8.08	1～17	0	0	7.4±2.1
兔粪	8.05	5～16	1±1	0	6.4±2.0
猪粪	8.02	6～14	1±1	2	9.5±1.2
鸭粪	6.82	6～14	3±3	2	8.0±2.1
鸡粪	7.54	—	80±3	20	—

（2）两种粪便基料配比对大平3号蚯蚓养殖影响。在预试验结果基础上，利用两种畜禽粪便，采用猪粪∶羊粪（或牛粪）6∶4，鸡粪∶羊粪（或牛粪）2∶8的比例配制基料养殖蚯蚓效果最好，其取食量大、排粪多、逃逸数量少、适应性较强，与牛粪养殖蚯蚓相比差异较小。随着添加鸡粪比例的增加，蚯蚓逃逸和死亡的数量增多，具体数据结果详见表2-7。

表2-7 2种粪便配比蚯蚓养殖情况比较

组合	组合比例	逃逸数 （条）	最适活动范围 （cm）	死亡数 （条）	日蚓粪质量 （g/盆）
猪粪＋鸡粪	8：2	82±3	—	10±3	6.5±2.1
	6：4	78±1	—	17±1	4.1±2.3
	4：6	90±4	—	10±2	—
	2：8	95±4	—	5±1	—
猪粪＋羊粪	8：2	2±1	8～16	2±2	10.8±3.3
	6：4	10±1	6～16	2±1	17.8±2.7
	4：6	15±1	6～17	5±3	13.4±2.0
	2：8	3±1	7～15	2±1	11.0±2.3
鸡粪＋羊粪	8：2	80±3	—	20±2	—
	6：4	85±2	—	15±2	—
	4：6	75±3	—	20±1	9.9±1.1
	2：8	5±4	6～15	9±1	13.6±1.3
鸡粪＋牛粪	8：2	90±5	—	10±2	—
	6：4	93±4	—	7±3	—
	4：6	65±3	1～5	10±2	10.7±2.2
	2：8	10±1	6～16	7±2	14.4±2.2
猪粪＋牛粪	8：2	3±1	7～14	4±1	8.7±1.7
	6：4	1±1	4～14	0	5.7±1.4
	4：6	5±1	5～15	2±2	12.3±2.1
	2：8	20±1	6～16	8±1	11.9±2.6

（3）3种和4种畜禽粪便基料配比对蚯蚓养殖的影响。采用猪粪：鸡粪：牛粪（牛粪：鸡粪：羊粪）3：2：5、牛粪：猪粪：羊粪3：4：3及猪粪：鸡粪：羊粪：牛粪3：1：2：4的比例配制基料养殖蚯蚓效果较好，其取食量大、排粪多、逃逸数量少、适应性较强，与对照组相比差异较小。具体数据结果见表2-8、表2-9。

表 2 - 8　3 种粪便配比蚯蚓养殖情况比较

组合	组合比例	逃逸数（条）	最适活动范围（cm）	死亡数（条）	日蚓粪质量（g/盆）
猪粪＋鸡粪＋羊粪	3∶2∶5	20±1	5～18	40±3	12.3±2.3
	5∶2∶3	18±1	6～18	36±2	14.0±1.6
猪粪＋鸡粪＋牛粪	3∶2∶5	5±2	4～16	10±2	42.0±2.8
	5∶2∶3	10±1	6～17	12±3	18.0±2.2
牛粪＋鸡粪＋羊粪	3∶2∶5	6±2	4～15	8±1	46.0±1.5
	5∶2∶3	15±1	7～16	14±1	30.0±1.5
牛粪＋猪粪＋羊粪	2∶4∶4	8±2	6～16	13±2	30.0±1.5
	3∶4∶3	15±1	6～16	10±1	42.0±1.6
	4∶4∶2	7±1	6～17	12±1	26.0±1.8

表 2 - 9　4 种粪便配比蚯蚓养殖情况比较

组合	组合比例	逃逸数（条）	最适活动范围（cm）	死亡数（条）	日蚓粪质量（g/盆）
猪粪＋鸡粪＋羊粪＋牛粪	2∶2∶3∶3	18±5	7～17	15±3	29.0±3.3
	4∶2∶2∶2	9±3	4～16	7±3	50.6±2.2
	3∶2∶2∶3	15±2	3～17	12±2	40.1±2.1
	3∶1∶2∶4	7±1	6～15	6±1	55.7±1.1

　　目前，生产中主要利用牛粪进行大田蚯蚓养殖，其他畜禽粪便蚯蚓养殖多数规模较小，基本还停留在试验阶段，尚未真正走向应用。为了利用禽畜粪便资源，拓宽农村羊、猪、鸡粪无害化处理与资源化利用的渠道，笔者进行了畜禽粪便合理配比后蚯蚓养殖可行性的探索。从试验结果中发现，粪便种类对蚯蚓生长和繁殖有较大影响，鸡粪养殖蚯蚓效果最差，逃逸数量最多，说明鸡粪的理化性质决定了养殖蚯蚓的不适应性。随着鸡粪在不同类型粪便中添加比例的增加，蚯蚓逃逸和死亡的比例逐渐增加；而猪粪较其他粪便基料养殖的蚯蚓生长速度快、个体体重较大、活动力较强。在猪粪、鸡粪中适量添加羊粪进行蚯蚓养殖具有可行性。利用各种畜禽粪便

的理化性质及特点，中小规模养殖场（户）对各种粪便进行合理调制及配比进行小规模蚯蚓养殖，对改善当地农村生态环境，创建生态种养产业和生态农业，发展循环经济和助推乡村振兴具有较大的示范和推动作用。

六、新时期中小规模奶牛养殖模式发展探讨

1. 发展现状与面临问题

（1）养殖规模与养殖模式。根据养殖数量、规模以及饲养管理方式，我国奶牛协会将奶牛养殖分为饲养规模≤10头的农户散养型，10～50头的小规模型，50～500头的中等规模型和超过500头的大规模型4类（孔祥智等，2009）。农户、奶联社、牧场和国有牧场等是目前我国奶牛养殖重要的几种经营方式。资料显示，2016年初，我国奶牛散养户约294.3万个，其中规模在20头以下的养殖户有289.4万个，占总养殖户的98.3%，中小规模奶牛养殖仍是国内奶牛业不可忽视的力量，在我国奶业快速发展过程中扮演着非常重要的角色（李胜利，2008）。

（2）养殖模式发展现状与面临问题。养殖成本、收益、规模、奶价和政策等是影响奶牛养殖业发展的主要因素。近年来，随着政府养殖产业指导政策的相继出台和奶业发展思路上的优化调整，我国奶牛养殖逐步由粗放型向规模化、集约型转变。农户散养型奶牛养殖模式因存栏量少、品种参差不齐、结构不合理、日粮配制不科学、养殖方式落后、管理粗放、牛场配套设施薄弱、机械化与集约化程度低、饲养环境与疫病防控意识差、原奶质量差、市场议价能力弱、经营效益低等问题，导致广大散养农户在整个奶业产业链中处于弱势地位。与现代化大型乳品企业的规模化牧场和现代牧业公司的牧场相比，农户散养型奶牛养殖模式在技术管理、经营理念及生产效率上存在较大差距。在当前牛奶质量安全标准不断提高、奶价大幅波动、动物防疫要求和生态环保要求提升的新形势下，中小规模养殖模式已不能适应当前我国奶业的发展需求。在政府政策和乳品企业挤压等外部因素共同作用下，大量农户被迫退出奶牛养殖

业，新时期中小规模奶牛养殖与发展面临巨大的风险与挑战。

2. 未来趋势 我国奶牛养殖业正在经历由奶牛数量型的增长向奶牛高产型的质量增长方式提质转型，规模化养殖已成为未来奶业发展的必然趋势。转型的主要方向是适度规模的家庭式奶牛场或股份合作制奶牛场。公司制的标准化、机械化、规模化牧场，种养结合的家庭牧场以及农民参股的奶牛养殖合作社将是未来我国奶牛养殖的 3 种主要模式（张维银，2013）。由于规模化牧场具有投资风险大、运营成本高等劣势，在坚持中小规模奶牛养殖为主体的前提下，遵循奶业发展客观规律，有序地把分散的农户养殖整合成奶业合作牧场或家庭牧场，通过对中小型养殖户整合改造，建立适度规模的养殖场或奶牛庄园，进一步改进农户养殖模式、改善技术和管理水平，坚持种养结合，推动专业分工，加大奶牛场设施设备投入，构建配套防疫与粪污处理基础设施，有力促使国内奶牛养殖模式转型与奶业现代化进程的稳步推进。

3. 提质转型策略与建议 奶牛养殖作为一项现代农业的"朝阳产业"，因势利导推动散养向中大规模养殖模式转变，对于农民增收、生鲜乳品质量提升、促进现代农业经济结构调整以及农村未来畜牧业可持续健康发展有着重要意义。中小规模养殖作为我国奶牛养殖业中的重要组成部分，应根据当地的市场需求、劳动力资源、环境承载能力、饲料与饲草的加工能力和供应程度确定养殖规模，充分利用政府优惠政策与资金支持进行改造整合，推行适度规模的家庭式奶牛场或股份合作制奶牛场，在实现养殖盈利的同时，减少环境污染。借鉴国外奶牛养殖中普遍采用的种草养牛模式，因地制宜，统筹兼顾，充分发挥地区优势，选择荷斯坦牛、西门塔尔牛等生产性能和乳品质量双高的优良奶牛品种，提升奶牛养殖的经济效益。通过加强相关从业人员的技能培训，完善挤奶、冷藏隔离设施及设备，提升日常饲养管理操作和奶牛粪污处理的管理水平，建立与完善责任管理制度、股份结算制度、防疫制度，实施现代企业经营管理，有序引导奶牛养殖向适度规模的现代化与标准化方向发展。

第二节　沅陵山区肉牛增效养殖及产业化体系构建

一、沅陵山区肉牛养殖背景

沅陵县位于怀化市北部，沅水中游，武陵山脉与雪峰山脉之间，素有"湘西门户"之称，是湖南省县级辖区版图面积最大的县。全县辖 23 个乡镇 465 个行政村 2 851 个村民小组，农业人口 51.13 万人，农民人均耕地面积约 0.92 亩。沅陵县 1994 年被列入国家"八七"扶贫攻坚县，2002 年和 2011 年仍被列入国家扶贫开发工作重点县。"十二五"期间湖南省扶贫办确定该县贫困村 62 个，少数民族高寒山区村 3 个。近年来，随着国家对草畜产业扶持政策的不断出台，沅陵县依托丰富的山林、草地资源，肉牛养殖正在成为农民的新型产业及增收的重要途径，肉牛养殖场（户）养殖积极性增强，肉牛养殖在数量、规模和养殖效益上逐年提高。发展高质量的节粮型草食畜牧业是农民增收致富的新亮点。沅陵山区饲草和秸秆资源丰富，肉牛增养空间大，山区农作物副产品资源丰富，秸秆资源和草山草坡开发利用有利于种养业的生态良性循环。沅陵山区发展肉牛产业具有良好的品种改良基础和发展技术基础。近几年，随着农户科学养牛意识逐渐增强，种草养牛、青贮秸秆养牛技术的推广应用正在不断增加，有利于肉牛标准化规模养殖的推行。沅陵山区发展肉牛产业极具优势和机遇。沅陵县肉牛养殖具有较好的养殖传统和丰富的养殖经验，虽然取得了一定成绩，但是沅陵县肉牛养殖业发展的水平层次仍较低，集约型、规模化、标准化生产程度较低，农户分散养殖技术水平和产业化程度不高，地方规模牛场数量有限，缺乏规范化运作，母牛存栏量低、饲喂管理粗放，肉牛品种及生产性能差、繁殖及育肥管理不合理、生长发育迟缓、出栏率低、日粮利用率低、饲草饲料资源开发利用率低、养殖规模较小、效率差，粪污处理设施不健全、处理简单粗放、环保压力大等，严重影响了肉牛出栏及产品质量的提升。

二、沅陵肉牛产业化实施内容与举措

近年来，在市场及国家政策引导下，沅陵县山区肉牛养殖业得到了较快发展，已成为当地发展潜力巨大的农村经济支柱产业之一。针对沅陵肉牛产业化程度低、效益差等问题，笔者与沅陵县巢大生态种养专业合作社深度合作，参与了"湘西山区肉牛养殖技术集成示范与推广应用"相关工作，现就沅陵肉牛产业化实施内容与举措做一介绍，为加快当地肉牛产业发展、推进产业化经营、农民增收致富、助推乡村振兴提供参考。实践证明，沅陵山区针对不同规模养殖户实施肉牛增效养殖具有可行性和持续性，不仅能有效降低饲养成本，提高养殖收益，而且还可为国内其他地区肉牛规模化养殖和产业化经营，提高科学养殖水平提供可行性参考。

1. 优化肉牛养殖品种与策略　目前，沅陵山区肉牛养殖模式仍然以自繁自养居多，在养殖规模方面以小型个体化养殖方式为主，养殖品种杂乱，缺乏养殖技术，饲喂低质秸秆以及稻草等饲养方式很大程度上延长了肉牛养殖周期，增加了养殖成本。应对沅陵山区不同的肉牛养殖模式产生的经济效益进行对比分析，归纳总结不同饲养模式下的成本和收益情况，提供2～3种适合当地山区实际、纯收益较高的饲养模式与肉牛品种。

2. 优化养殖规模，提高肉牛生产性能　对不同养殖模式下的肉牛规模进行适当调整，可显著增加肉牛场的养殖效益。在最适养殖规模基础上，改善养殖肉牛品种可以有效提高日均增重，缩短育肥周期。建立自繁自养场、外购架子牛短期育肥场，通过确定和优化各场内养殖规模等举措，显著提高肉牛养殖效率，从而进一步提高初生重、断奶重、屠宰率等生产性能，缩短养殖周期。

3. 开发利用当地饲粮资源，优化日粮配方　考虑到沅陵山区地形与气候的特点，种植优质牧草可行性较差，但当地花生秧、地瓜秧等副产品较多，对当地农副产品及牧草资源进行发酵处理，不仅可以提高饲草消化利用率，而且可以节约外购牧草的成本。对稻谷秸秆进行氨化处理以及喷洒发酵剂发酵，促进秸秆木质素有效分解，提高稻草秸秆利用率，可有效缓解冬天牧草资源不足的现状。在保障肉牛日粮营养均衡基础上，对肉牛实施精饲料补饲，提高养殖效率。利用荒山荒坡种植甜高粱代替牧草，推广青贮饲料及氨化饲料的制作及应用，进行肉牛生长发育与育肥效果研究，优化规模化养殖场草料结构与日粮配方，筛选2～3种适合山区肉牛养殖的最优饲料配方。

4. 推广应用饲养管理关键技术　科学合理规划圈舍建设，有效改善圈舍及周边环境卫生，积极防控牛群疫病，采取注射疫苗等各种科学有效的保健措施，及时发现隔离病牛，提高牛群整体健康水平，促进肉牛科学健康高效养殖。积极推广应用发情鉴定、人工授精等技术，加速肉牛品种改良。根据自身条件适度规模科学饲养，对肉牛常见疾病、主要传染病及寄生虫病的临床诊断、治疗及综合防控技术进行培训，制订和执行合理的卫生防疫制度及科学的防疫程序，有效地控制疾病的传播和暴发，促进山区肉牛养殖业健康发展。

5. 实现牛粪无害化处理与资源化利用　牛粪大田蚯蚓养殖具有科学性和可行性，技术较为成熟，利用牛粪养殖蚯蚓构建种、养互动的有机生态型养牛业，打造生态立体农牧业，可促进农村经济发展。采用生物技术对肉牛粪便进行无害化处理与资源化利用；通过对蚯蚓和蚓粪进行合理的收集与处理，大力发展牛粪、蚓粪深加工，生产作物专用有机肥，增加养殖附加值，构建以蚯蚓为纽带具有市场竞争力的山区特色肉牛生态产业链，也能进一步提高经济效益和生态效益。

6. 提高养殖积极性，推进产业链体系建设　在山区发展肉牛养殖，鼓励农户承包荒山建设肉牛场，对肉牛养殖的各个环节以及连带环节进行开发，促进肉牛产业化体系建设。实施土地流转改良，利用荒坡荒地种植甜高粱养牛，大力推广舍饲精养、草料加工调制、快速育肥等综合配套技术，激励农户养母繁犊、购犊育肥，推广"公司＋农户"集中育肥、收购、屠宰、销售的经营模式，扩大养殖规模，形成肉牛养殖产业，建立肉牛育肥科技推广示范和培训基地，打造产品品牌，提高肉牛产业生产效益和可持续发展能力，以点带面带动当地农民致富。

三、沅陵肉牛增效养殖部分成果

1. 2 种适合山区肉牛养殖饲料配方　以促进肉牛健康养殖为目的，采用肉牛舍饲圈养技术，实施精细化生态健康生产模式，充分利用当地自然环境，规模化种植玉米及甜高粱等作物，通过青贮，全面、科学、高效、综合利用秸秆资源，减少因秸秆焚烧对环境造成的污染，在提高秸秆利用率的同时，明显改善了湘西山区的生态环境。青贮后的玉米秸秆具有气味酸香、柔软多汁、适口性好、营养丰富、消化率高、饲喂成本低、易于储存、可全年均衡供应等特点。以青贮玉米为基本饲料，共筛选出 2 种适合山区架子肉牛养殖的优良饲料配方，肉牛增重效果显著。

架子牛日粮配方 1：精饲料 5 kg、青贮玉米 10 kg、甜菜粕 1 kg、青贮苜蓿 1 kg、棉籽 1 kg、燕麦草 1 kg、酒糟 5 kg。

架子牛日粮配方 2：精饲料 5 kg、青贮玉米 10 kg、甜高粱 8 kg、酒糟 5 kg。

2. 构建了"牛-蚓-鱼（禽）-蔬"生态循环种养模式　为了加快和拓宽牛粪无害化处理与资源化利用渠道，促进农村经济可持续发展，笔者所在团队成员针对沅陵山区肉牛养殖与经营特点，结合近年来实践经验与科研成果，对湘西山区牛粪资源化利用现状与主要处理技术手段进行比较分析，对存在的主要问题进行探讨，从牛粪高效利用以及增收创收的角度提出了"牛-蚓-鱼（禽）-蔬"生态循环种养模式，对构建湘西山区肉牛特色循环经济以及牛粪资源化高效利用具有重要意义。

"牛-蚓-鱼（禽）-蔬"是运用循环模式合理改善和发展多元养殖方式，以肉牛（奶牛）养殖为基础，以牛粪无害化与资源化利用为主线，以牛粪养殖蚯蚓为抓手，构建种养互动的有机生态型畜牧业，将种养有机结合，通过肉牛（奶牛）饲养-牛粪收集-蚯蚓养殖-鱼、禽饵料-蚓粪及禽粪回收再利用，进行蔬菜及食用菌栽培的生态健康养殖模式。该模式可有效拓展养殖经济链，初步实现牛粪无害化处理与资源化利用，实现养殖效益、社会效益及环境效益最大化，通过养殖业与种植业有机融合，构建良性循环农畜养殖生态系统，实现了高效、循环、收益的有机统一，促进了有限资源良性循环、节能减排和可持续发展。

按照中等规模的肉牛（奶牛）养殖场（100 头）年产牛粪约500 t 计算，每亩年消耗牛粪约 50 t，可养 10 亩地的蚯蚓，可产鲜蚯蚓约 300 kg，按蚯蚓市场价格 50 元/kg 计算，再考虑其他因素，每年养殖蚯蚓至少可获利 1 万元。牛粪价格 10～20 元/t，养殖蚯蚓后产生的蚓粪的价格 80～100 元/t。蚓粪每亩 20～30 t，除去人工及运输费用后，每年每亩直接收益 2 000 元。发展"牛-蚓-鱼（禽）-蔬"生态型循环种养模式具有科学性和可行性，是一种实现可持久发展的新型种养模式，值得推广应用。

3. 中草药在肉牛养殖业中的实践与应用 与传统抗生素及化学药物相比，中草药因其具有天然、毒副作用小、无抗药性等多种特性，作为饲料添加剂具有无可比拟的优势，在提高肉牛抗病力、抗应激、免疫力、繁殖力、生产性能、促生长等方面均可起到积极作用，具有广阔的应用前景。课题组在物料颗粒大小及配方中草药试验舔砖硬度测试基础上，以食盐、枣粉、膨润土、甘草、党参、麦芽等原料制作不同配方中草药试验舔砖，先后进行小鼠和肉羊适口性观测，根据观测结果进一步优化中草药配方后，根据成本及加工难易度，以膨润土、水泥、食盐和水为辅料，陈皮、山楂、麦芽、甘草、鸡内金、茯苓、贯众、木香等中药材进行组方，创新性地试制了牛羊专用中草药舔砖并取得了较好的饲喂效果，为国内不同规模肉牛养殖户实施增效健康养殖提供了可行性参考。

四、肉牛养殖影响因素与发展模式探析

1. 肉牛养殖现状与影响因素

（1）养殖现状、养殖方式与面临问题。我国的肉牛养殖模式主要有养殖数量在 10～40 头的农户个体分散养殖，养殖规模在 200

头左右的农户个体小规模养殖，养殖规模在 200～500 头的小规模专业化养殖和养殖规模在 500 头以上的中大规模专业化养殖 4 种模式。农户个体分散养殖肉牛是我国现有肉牛养殖的主要模式，农户自建牛舍，自己在实践中积累养殖技术与经验，以当地农作物秸秆及其他可利用农副产品作为粗饲料，管理较为粗放。尽管目前牛肉的价格逐年走高，但由于饲料、人工、技术等因素，该模式饲养成本较高，周期较长，收益较差，农民饲养肉牛每头年利润 2 000 元左右，饲养积极性普遍不高。与农户个体分散养殖和中大规模专业化养殖模式相比，小规模专业化养殖模式因其人员配备与养殖配套设备相对完善，育种、饲养、防疫、饲草饲料加工储运以及粪污处理技术相对齐全，应对市场需求灵活而更具发展潜力，是未来 20 年我国肉牛专业化生产及产业化发展的主要模式。该模式以生产有机、绿色、无公害畜产品为目标，主要通过"以场带户"和"公司＋协会＋基地＋农户"的运营模式，带动周边农户共同发展。我国的肉牛养殖产业目前正面临养殖保险与各种补贴扶持政策不到位，缺乏肉牛产业所需的品种杂交改良、高效繁育、健康养殖、疫病防控等关键技术，肉牛品系混乱、养殖方式不科学、养殖环境恶劣，养殖风险大、投资高、周期长和见效慢等问题，结构转型势在必行。

（2）高效肉牛养殖影响因素。当前影响我国肉牛高效养殖的因素主要包括养殖政策、养殖技术、饲养管理水平、养殖成本、市场价格和养殖效益等。肉牛养殖技术多沿用传统经验，缺乏专业饲粮配制、秸秆青贮、配种繁育、疫病防控等技术，进而增加了养殖风险，养殖户养殖肉牛的积极性下降。

2. 肉牛养殖发展策略与前景

（1）养殖策略。顺应国内肉牛养殖向小规模专业化养殖转型的趋势，充分利用政府帮扶补贴政策，找准产品市场定位，开发利用当地作物秸秆和农副产品等饲料资源，选择适合本地养殖的肉牛品种和养殖模式，引进先进的饲养管理技术，对饲料原料进行科学配比，推行以精饲料为主的肉牛科学养殖方式，降低养殖成本，提高肉牛生产效率及产品竞争力。建立适合当地养殖的优良肉牛品种繁育体系，促进本地优良品种数量和质量的提高。与畜牧部门联合建立标准化、规模化肉牛养殖示范基地或养殖示范区，以基地为依托，成立养殖合作社，推广先进肉牛养殖模式和先进饲养技术，使传统的粗放型养殖向精细化养殖转变，遵循市场发展规律，缩短饲养期，适度扩大生产规模，引导肉牛规模化养殖，帮扶带动周边养殖户共同发展。

（2）发展前景。据统计，2017 年我国肉牛存栏量为 10 008 万头，出栏量为 5 050 万头，但年人均牛肉消费量不到 6 kg，远低于美国、澳大利亚人均 50 kg 的肉牛消费量。近年来，随着人民生活水平的提高，国家每年投入大量资金进口国外牛肉产品，国内肉牛市场消费潜力巨大。农户个体分散养殖模式在我国目前及今后长时期内肉牛养殖业中仍然占据较大比例，生产效率低下，产品市场竞争力不强。规模化肉牛健康高效养殖是未来肉牛养殖业实现可持续发展的大趋势。相信在政府扶持和有利政策推动下，秉承安全、高效和绿色发展理念，以规模化肉牛养殖基地为抓手，打造具有当地特色高档牛肉消费品牌，必将进一步推动我国规模化肉牛养殖业健康发展。

第三章 肉羊生态健康养殖模式

——以安乡雄韬牧业有限公司为例

第一节 肉羊生态健康养殖模式介绍

一、公司简介

安乡雄韬牧业有限公司是一家以山羊的良种繁育、养殖、收购、加工、销售为一体的民营规模化肉羊养殖企业。公司于 2010 年 3 月创建,分别在安乡县安裕乡新河口村及津市保河堤镇铜盆岗设立了良种羊繁育基地和商品羊生产基地,注册资金 50 万元,以纯种波尔山羊与本地母山羊进行杂交,繁育生产个体大、增重快、抗病力强、繁殖率高、适应于湘鄂边界及环洞庭湖区养殖的改良种羊。公司有良种种羊 500 多只,年存栏量约 1 000 只,年产值 100 余万元,年纯收入 60 万元。

二、肉羊生态健康养殖内容

2011 年至今,安乡雄韬牧业有限公司与笔者所在单位展开校企合作,开展了"湖区肉羊健康养殖与粪便综合利用技术"项目研究。研究内容主要包括湖区肉羊的健康养殖技术、日常饲养管理、繁育、羊舍建设、驱虫防疫及屠宰加工等,以羊粪利用为主线,进行"羊-蚓-鱼-禽"生态健康养殖模式应用研究,建立肉羊健康养殖示范基地,以点带面大力发展生态健康养殖,在提高养殖经济效益的基础上增加生态综合效益。

笔者与该公司利用肉羊粪尿和蚓粪资源,对前期校企合作成果进行了有机衔接和拓展，成功构建和应用了"草-羊-蚓-鱼-禽-菌"生态健康养殖模式；利用蚓粪特质和蚓粪中天然微生物明确了羊粪中添加蚓粪后的腐熟发酵效果，提高了羊粪与蚓粪利用率；逐级分离、筛选羊粪促腐与除臭微生物用于羊粪尿处理；探索了适合南方湖区肉羊养殖场（户）粪尿处理的新型羊粪层叠式堆肥模式，并进行了实践，加快和拓宽了羊粪无害化处理与资源化利用进程与渠道，实现了肉羊粪尿资源多级利用。

创新性地试制了中草药舔砖并取得了较好的饲喂效果。建议开办户营型农家乐餐饮多元化经营，吸纳社会闲散劳动力，增加农村就业岗位，促进农村和谐稳定，实现经济效益与生态效益最大化。其成果的转化应用，有效减少了对环境造成的污染，以及传染性疾病和寄生虫病的暴发流行，提高了单位面积内养殖密度及有机羊、鱼、禽、蚓、食用菌的数量与产量，有力促进了农民增收和肉羊养殖业可持续发展。对促进当地养殖企业（户）致富和财政增收具有重要的示范带动作用（图3-1至图3-4）。

图3-1　自繁自养放牧的杂交山羊

图3-2　公司饲养的波尔山羊公羊

图3-3　屠宰后自用农家乐肉羊

图3-4　公司自营农家乐全羊席

三、"草-羊-蚓-鱼-禽-菌"生态健康养殖模式介绍

我国是养羊大国，肉羊养殖产生的大量粪尿给生态环境造成了极大压力。节能减排、生态循环利用和健康环保已成为当前社会经济实现可持续发展的主题。大力推广生态健康养羊业，对促进农村经济结构战略性调整，提高人民生活质量，促进农民增收和农业经济可持续发展都具有十分重要的意义。

1. "草-羊-蚓-鱼-禽-菌"生态健康养殖模式　该模式是运用循环模式合理改善养殖方式，以牧草或甜高粱种植与肉羊养殖为基础，羊粪无害化与资源化利用为主线，以羊粪大田蚯蚓养殖、新型羊粪层叠式堆肥、羊粪与蚯蚓粪食用菌栽培为关键技术，辐射鱼禽饵料、食用菌种植、蚓粪生产有机肥，构建的种养互动的有机生态型畜牧业。通过种养有机结合，分别建立"牧草种植-肉羊养殖-羊粪收集-蚓粪层叠式堆肥-蚓粪、羊粪利用-牧草""肉羊养殖-羊粪收集-蚯蚓养殖-鱼、禽等饵料-生产有机鱼、禽""肉羊养殖-羊粪收集-蚯蚓养殖-蚓粪-食用菌栽培和有机肥生产"3条立体循环经济链，形成有机循环模式（图3-5）。该模式从羊粪高效利用及增收创收的角度，通过养殖业与种植业的相互衔接，构建良性循环农畜养殖生态系统，体现了高效、循环、收益的有机统一。循环、可持续发展及效益最大化的理念贯穿于整个养殖模式中，有效实现资源在不同链条间及不同产业间充分、合理地利用。该模式经过3条不同的循环链条，合理高效地对肉羊养殖产生的粪尿资源进行多级利用，转化为可供利用的肥料及有机食品。既消除了环境污染，又增肥了地力，促进了农民增收，实现了有限资源良性循环，节能减排、持续发展的目的。

2. "草-羊-蚓-鱼-禽-菌"模式运营规模估算　以50亩荒坡地种植优质牧草养殖300只肉羊为例，每只肉羊每天产粪$2.2\sim2.5$ kg，全年排粪$800\sim900$ kg，300只肉羊全年可产羊粪约250 t，按照每亩地养殖蚯蚓每年消耗羊粪50 t计算，可养蚯蚓5亩，按照每亩每年生产蚯蚓$250\sim300$ kg计算，5亩田可产活鲜蚯蚓

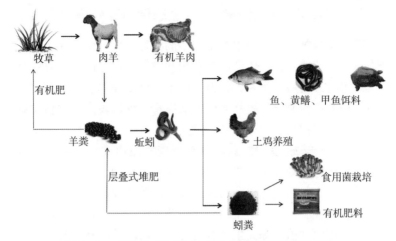

图 3-5 "草-羊-蚓-鱼-禽-菌"生态健康养殖模式图

1 250～1 500 kg，每亩年产蚯蚓粪 20 t，共计 100 t 蚯蚓粪。蚓粪可作有机肥料生产食用菌，也可进行层叠式堆肥发酵羊粪。以蚯蚓为饵料，养殖 5 亩鲫或鲤，或饲养 500 只土鸡，综合效益十分可观。

3. 新型羊粪层叠式堆肥工艺 课题组通过实验证明，利用蚓粪特质促进羊粪腐熟发酵以及消除发酵过程中产生的 NH_3 和 H_2S 气体具有科学性和可行性，蚓粪是羊粪腐熟的天然发酵与除臭剂，添加适当比例的蚓粪对羊粪腐熟发酵具有促进作用（成钢等，2019）。该工艺原理是利用新鲜蚓粪中天然促腐、除臭微生物，促进羊粪腐熟发酵，缩短发酵时间；利用蚓粪粪粒疏松多孔吸附发酵过程中产生的 NH_3 和 H_2S 等有害气体，主要针对采用漏缝地板的羊舍，整个发酵过程无需人工翻堆，直至羊粪完全发酵腐熟，工人劳动强度小，环境污染少，是对传统羊粪腐熟发酵工艺有益的尝试与创新。圈舍下方的羊粪每增加 20～30 cm 厚度时，需添加 3～5 cm 厚度含水量不低于 65％的新鲜蚓粪。羊粪与蚓粪层层堆叠、密切接触，保证了蚓粪中天然促腐与除臭微生物的数量、种类与活性，羊粪的腐熟速度与蚓粪添加的厚度及频率成正比，与粪堆中的温度、湿度及 pH 等因素密切相关。当粪床厚度达 100 cm 左右，下层羊粪变为黑色，无刺激性气味，粪粒疏松柔软，pH 呈弱碱性，此时羊粪已发酵腐熟，可实施人工或机械清粪操作，用于后续蚯蚓养殖或有机肥生产。

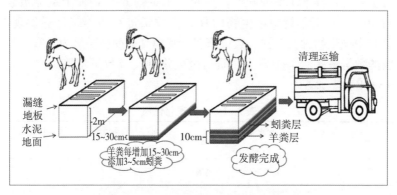

图 3-6　羊粪新型层叠式堆肥工艺模式图

实践证明，新型羊粪层叠式堆肥工艺是一种高效环保、切实可行的堆肥实用技术，实现了羊粪资源的多级利用。羊、蚓搭配养殖，有效提高了单位面积内养殖密度以及有机羊、蚓的数量、产量与质量。相信该模式在中小规模肉羊养殖户中的应用与推广，必将在羊粪污染治理、生态环境保护，以及当地肉羊养殖业可持续发展等方面取得更大的效益（成钢等，2019）。

四、常规基料中添加羊粪食用菌栽培技术

食用菌产业作为种植业和养殖业之后的第三大农业产业，已成为农民增收致富的有效途径。目前，食用菌生产以菌袋栽培、田间栽培以及野生生产为主。其中，工厂化菌袋栽培主要存在栽培配方繁多、成本较高以及产菌后残余配料不易处理等问题（熊兀等，2014）。家畜粪便肥效持久均衡，透气性、排水性和保水性俱佳。利用畜禽粪便资源，探索适合当地不同食用菌品种栽培需求的基料配方，开发不同食用菌品种专用有机基料系列，对改善农村生态环境，增加养殖户经济收入，减少环境污染，创建生态食用菌产业和

生态农业，发展具有地区特色的循环经济有极大的示范作用（成钢等，2015）。

1. 羊粪的理化性质分析 笔者所在课题组对羊粪理化性质进行了测定，其 pH 呈强碱性，鲜粪含水量约 60%，种子发芽指数为 36.9%；对羊粪中微生物的种类及数量进行培养统计后发现，羊粪中微生物种类多样、数量繁多，其中真菌的种类最为丰富，细菌的数量最多。羊粪理化性质与微生物种类及数量培养结果见表 3-1 和表 3-2。

表 3-1 羊粪理化性质

材料	pH	含水量（%）	色泽	种子发芽指数（%）	粪球直径（mm）
羊粪	8.0~8.6	60.0~62.6	黑褐色	36.9	10~16

表 3-2 羊粪中微生物种类及数量

种类	细菌		真菌		放线菌	
	种类（种）	数量（cfu/g）	种类（种）	数量（cfu/g）	种类（种）	数量（cfu/g）
羊粪	11	2.74×10^9	14	5.2×10^7	9	1.56×10^9

2. 常规基料中添加羊粪食用菌栽培技术 平菇是我国常规栽培品种，为了探讨常规平菇栽培基料中添加羊粪的可行性。本课题组以羊粪作为平菇栽培基料主要添加成分，在常规栽培基料成分基础上，分别添加 5%、25%、50% 的羊粪，以常规栽培基料为对照组，采用菌袋种植法，在适宜温度和湿度下栽培，定期观察不同比例羊粪配方中平菇的生长状态，观测平菇在不同配方基料中菌丝的生长状态，以及出菇后菌柄、菌伞的差异性，明确添加不同比例羊粪对平菇生长及产量的影响。栽培结果表明，在常规基料中添加 5%、25%、50% 的羊粪均可进行平菇栽培，尤其以常规平菇栽培基料中添加 25% 的羊粪出菇批次达 12 次，平菇菌伞直径最大，产量最高。由此可见，在常规栽培基料中添加适量比例羊粪进行平菇栽培具有可行性。现就在传统基料添加 25% 的羊粪菌袋法平菇栽

培技术做一介绍，为广大养殖户科学、合理地利用羊粪资源，实施食用菌生产提供可行性参考。

（1）栽培菌种与材料。平菇菌种农平 2013-1、塑料菌袋、石灰粉、多菌灵（甲基-1H-2-苯并咪唑氨基甲酸酯）、葡萄糖、新鲜羊粪、棉籽壳、75％乙醇、标签纸、牛皮纸、橡皮筋等。

（2）栽培方法。

①基料称量、配制与装袋。羊粪为碱性肥料，充分腐熟发酵后，烈日下暴晒 3 d 达到除臭、杀菌、烘干的目的，用粉碎机粉碎，密封保存备用。羊粪、棉籽壳、石灰粉、葡萄糖和多菌灵按照25％、71％、2％、1％和1％的比例准确称量，加水搅拌均匀，保持混合基料水分含量达 60％。将拌好的基料装入左右两边开口的常规聚丙烯菌袋中，用橡皮筋封住两边开口，封口不需太紧，以防止高温灭菌时菌袋爆裂。

②灭菌与接种。采用湿热灭菌法，将装好基料的菌袋放入高压蒸汽锅内 110 ℃灭菌，待冷却后移入超净工作台，在无菌条件下进行接种。先将菌袋两边的口打开，用无菌镊子在菌袋的两边各放入厚约 1 cm 的平菇菌种，压实，使菌种与培养基料充分接触，在菌袋两边外侧分别套上自制的塑料圈固定，然后用牛皮纸封住两边开口，用橡皮筋扎紧后，做好标记，完成接种操作。

③培养。根据购买平菇菌种对温度的不同要求，将接种的菌袋放入通风、清洁卫生的培养室中培养，保持适宜的温度、湿度。定期观察袋内菌丝生长状况，当整个菌袋长满菌丝后，适时拆开两侧牛皮纸，把接种时的菌种去除，出菇后定时每天浇水 2 次。接种后15 d 左右菌丝长满菌袋，此时袋内菌丝吃料扇面较整齐，菌丝较浓密，颜色洁白。

④出菇与收获。出菇时间为接种后 20 d 左右，出菇后生长 3～4 d 后，平菇菌伞直径 10～14 cm，菌柄粗度约 2.5 cm 时可采摘收获，出菇批次 5～6 次，从第 1 批出菇到出菇结束间隔约 32 d。袋装法一个平菇生长周期生长情况详见图 3-7 至图 3-10。

羊粪中富含各类氨基酸和铜、锌、磷、钙、锰、钠、钾等微量

图 3-7　接种后第 20 天开始出菇　　　图 3-8　接种后第 24 天菌菇生长成熟

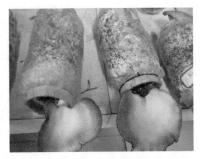

图 3-9　初次出菇的平菇生长状态　　　图 3-10　多次出菇后平菇生长状态

元素，能满足食用菌生长所需营养。在常规平菇栽培基料中添加适量的羊粪后，平菇菌丝洁白、生长快速。但随着羊粪添加比例的增加，羊粪中胶体含量增加，基料透气性下降，籽实体生长缓慢，产量下降。通过笔者所在课题组多次试验发现，添加 25％的羊粪较其他添加比例组菌丝洁白，生长旺盛，出菇次数多，菇型美观，产量大。因此，在基料中添加 25％的羊粪按照上述方法进行平菇栽培可取得较大收益。

（3）霉菌的防治。细菌、放线菌、酵母菌和霉菌是食用菌生产中容易产生且较为普遍的 4 类杂菌。而霉菌是一类单细胞或多细胞的丝状真菌，由于其分布广，容易在各种基料上生长，常引起食用菌变质，产量降低（董昌金，2001）。引起食用菌污染的霉菌种类主要有木霉、青霉、毛霉等。霉菌的污染与培养基料成分的配比密切相关,培养基料成分搭配不合理,配方不科学,过量添加畜禽粪便等含氮物质都极易导致杂菌和霉菌感染。常规培养基料棉籽壳中添加适量羊粪后,如果消毒不严格,则极易滋生杂菌和霉菌,导致出菇间期延长。为了提高平菇的抗霉菌能力,课题组在基料中添加了0.2%多菌灵、2%石灰粉、0.1%美帕曲星(克霉灵)、0.1%的高锰酸钾4种不同类型的霉菌抑制剂,并比较分析了其抑菌效果。培养结果表明,不同的药剂抑制霉菌的效果不同:以多菌灵加石灰水溶液拌料的效果最好;添加美帕曲星(克霉灵)拌料接种后7 d开始出现霉菌局部污染;高锰酸钾溶液拌料的效果最差。不同浓度药剂拌料后霉菌的生长结果见表3-3。

表3-3 不同浓度药剂拌料后霉菌的生长结果

药剂处理	接种不同天数的菌斑直径(cm)			
	第5天	第7天	第9天	第11天
0.1%多菌灵+2%石灰粉	—	—	—	—
0.1%多菌灵	—	—	—	1.23
2%石灰粉	—	—	1.68	3.65
0.1%美帕曲星(克霉灵)	—	1.62	5.62	8.34
0.1%高锰酸钾	3.02	6.45	8.08	10.22
无添加药剂常规平菇栽培基料	5.2	7.5	10.2	15.0

注:"—"表示无霉菌生长。

除了药剂拌料抑制霉菌外,笔者还尝试采用石灰水喷洒、菌袋注射法等其他方法进行霉菌防治。石灰水喷洒法:用10%的新鲜石灰水涂刷墙壁、房顶及床架,在地面和四周撒上石灰粉抑制霉菌的滋生。采菇后用石灰水上清液喷洒菌袋两侧基料,对霉菌具有较好的防治效果,且第2次出菇产量高。菌袋注射法:接种3 d后菌袋出现霉菌后,以霉菌菌斑中心为圆点,向霉菌四周边缘注射0.1%多菌灵,注射药剂4 d后霉菌颜色变淡,15 d后霉菌消失。不同方法对霉菌的防治效果有较大差异,生产全过程采用无菌操作可有效降低霉菌感染,菌丝生发阶段和出菇阶段采用石灰水喷洒法和菌袋注射法处理,抑制霉菌效果明显。不同方法对霉菌的防治效果比较见表3-4。

表3-4 不同方法对霉菌的防治效果比较

方法	接种前	菌丝生发阶段	出菇阶段
无菌操作法	＋＋＋	—	—
除菌剂拌料法	＋＋	—	—
石灰水喷洒法	＋＋	＋＋＋	＋＋
菌袋注射法	—	＋＋	＋

注:"＋"表示食用菌栽培过程采用防霉方法对霉菌的抑制效果一般;"＋＋"表示所采用的防霉方法对霉菌的抑制效果较好;"＋＋＋"表示所采用的防霉方法对霉菌的抑制效果最好;"—"表示此阶段不需要防霉。

食用菌栽培过程中诱发霉菌污染的因素除了栽培配方不科学、不合理外,原料与接种工具带菌,接种操作消毒不严格等均可导致杂菌侵入引起霉菌滋生。进行平菇栽培时,羊粪等原料需暴晒杀菌,操作灭菌要严格,培养温度、湿度、培养基料酸碱度等要适宜,培养环境应保持通风卫生,羊粪在基料中添加比例不宜过多,在平菇生产各阶段采用不同的抑制措施可有效防止和减少霉菌与杂菌的滋生。

五、传统基料添加蚓粪平菇栽培技术

1. 基料中添加蚓粪食用菌栽培可行性

(1) 不同类型蚓粪中微生物种类与数量比较。从蚓粪无害化处理和高效利用及增收创收的角度,笔者研究了不同类型蚓粪中微生物的种类和数量,为蚓粪的高效利用提供数据资料和可行性参考。分别采集养殖场周边环毛蚓蚓粪、以牛粪为基料养殖蚯蚓的蚓粪,以及以羊粪为基料养殖蚯蚓的蚓粪为材料,以牛肉膏蛋白胨培养基、高氏一号培养基、马丁氏培养基,采用梯度稀释法对3种不同类型蚓粪分别进行细菌、真菌和放线菌的培养,对所培养的各类微生物进行鉴别、分类、计数,计算每克蚓粪中不同微生物的种类和数量后发现：以牛粪为基料养殖蚯蚓的蚓粪分离出细菌、放线菌和真菌种类分别为 10 种、10 种和 11 种，其数量分别为 $2.68×10^8$ 个/g、$8×10^7$ 个/g、$8.7×10^6$ 个/g；以羊粪为基料养殖蚯蚓的蚓粪分离出细菌、放线菌和真菌种类分别为 11 种、9 种和 14 种，其数量分别为 $2.74×10^8$ 个/g、$1.56×10^8$ 个/g、$1.52×10^7$ 个/g。环毛蚓蚓粪分离出细菌、放线菌和真菌种类分别为 9 种、8 种和 12 种，其数量分别为 $1.83×10^8$ 个/g、$8.3×10^7$ 个/g、$5×10^6$ 个/g。培养结果表明：3 种不同类型蚓粪中以羊粪为基料养殖蚯蚓的蚓粪中微生物的种类和数量最多。3 种蚓粪物理性状比较及蚓粪中微生物种类和数量比较分别见表 3-5 和表 3-6。

表 3-5 3 种蚓粪物理性状比较

蚓粪类型	采集地点	数量（g）	颜色	质地	含水量（%）
羊粪养殖蚯蚓产生的蚓粪	雄韬牧业有限公司	100	褐色	柔软	45~48
牛粪养殖蚯蚓产生的蚓粪	湖南阳光乳业股份有限公司第一牧场蚯蚓养殖场	150	黑褐色	疏松	42~45
环毛蚓蚓粪	雄韬牧业有限公司	100	土灰色	较疏松	40~45

表 3-6 3 种蚓粪中微生物种类和数量比较

蚓粪种类	细菌		放线菌		真菌	
	种类（种）	数量（个/g）	种类（种）	数量（个/g）	种类（种）	数量（个/g）
羊粪养殖蚯蚓产生的蚓粪	11	$2.74×10^8$	9	$1.56×10^8$	14	$1.52×10^7$
牛粪养殖蚯蚓产生的蚓粪	10	$2.68×10^8$	10	$8×10^7$	11	$8.7×10^6$
环毛蚓蚓粪	9	$1.83×10^8$	8	$8.3×10^7$	12	$5×10^6$

（2）添加不同比例蚓粪栽培平菇效果。在对不同类型蚓粪中微生物种类与数量比较结果的基础上，为了探讨平菇栽培基料中添加蚓粪的可行性，笔者以常规栽培基料为对照，采用常规菌袋平菇栽

培法，在基料中添加不同比例的蚓粪，观察平菇在不同比例蚓粪配方基料中菌丝生长状态和生长速度，以及每批食用菌出菇重量、出菇批次、出菇间隔、菇帽面积和菇柄长度等生长特性，筛选添加蚓粪后食用菌生长状态最佳的基料配方。培养表明，添加不同比例蚓粪的基料均可用于栽培平菇，但以添加 25％蚓粪的基料栽培平菇产量最高。在常规平菇栽培基料中添加 25％的蚓粪后，平菇菌丝生长速度为 1.25 cm/d，平均出菇重量为 108.67g/批，共采摘6 批，栽培平菇转化率为 97.8％。由此表明，在基料中添加蚓粪替代部分棉籽壳栽培食用菌具有可行性。平菇栽培基料配方及不同配方平菇菌丝的生长状况、不同配方详见表 3-7 至表 3-9。

表 3-7 平菇栽培基料配方（％）（以干重为基础）

配方	棉籽壳	蚓粪	石灰粉	葡萄糖
1	72	25	2	1
2	47	50	2	1
3	22	75	2	1
对照组	97	0	2	1

表 3-8 不同栽培基料配方平菇菌丝的生长状况

配方	第7天（cm）	第9天（cm）	第11天（cm）	第14天（cm）	平均生长速度（cm/d）	满袋天数（d）	菌丝形态
1	4.7	6.7	8.9	12.2	1.09	18	＋
2	5.0	7.2	9.1	14.2	1.25	18	＋＋＋
3	2.7	8.2	10.0	12.9	1.54	18	＋＋＋
对照组	5.2	7.5	10.2	15.0	1.37	17	＋＋＋

注："＋"号表示菌丝吃料扇面不整齐，菌丝稀疏不浓密，颜色灰白。"＋＋"表示菌丝吃料扇面较整齐，菌丝较浓密，颜色洁白。菌丝蔓生的地方几乎看不到培养基的颜色："＋＋＋"表示菌丝吃料扇面非常整齐，菌丝粗壮浓密且显厚重，颜色银白色有光泽，菌丝蔓生的地方看不到培养基。

由表 3-8可见，菌丝的增长速度随着蚓粪添加的比例波动而起伏。添加不同比例蚓粪的基料栽培的平菇菌丝生长速度和形态与对照相比略有差异。随着蚓粪添加量的增加，菌丝生长速度加快，尤其以配方3的菌丝生长速度最快，菌丝形态与对照组相同。蚓粪中有较高的糖类等有机物和丰富的微量元素，添加不同比例的蚓粪对平菇生长及产量均有较大影响。在添加75%蚓粪的基料上菌丝生长速度较快，可能与蚓粪疏松的物理结构增加了基料的透气性促进了平菇籽实体早期的生长有关。

表 3-9 不同栽培基料配方平菇籽实体的产量和形态

配方	出菇批次	均重标准差 (g)	菌伞直径 (cm)	菌柄粗度 (cm)	出菇周期 (d)
1	9	108.67±60.10	6	2.0	34
2	8	62.50±33.56	10	2.3	26
3	9	46.33±20.34	11	2.8	31
对照组	8	74.00±20.05	16	3.5	33

表3-9结果表明，在平菇出菇时期，出菇量随着蚓粪添加比例的增加而减少，出菇的批数大于或等于传统基料栽培的食用菌。从平菇籽实体的形态上看，常规基料栽培的籽实体形态大且肉质厚实，平菇菌伞面积大，菌柄粗，而添加不同比例蚓粪生长的平菇籽实体肉质紧致，籽实体菌伞小，菌柄细。从产量上看，配方1的籽实体产量最高，出菇批数达到9次，每批均重达（108.67±60.10）g，比传统基料栽培的平菇产量高、批数多。

不同的蚓粪添加比例影响着出菇的生物转换率，而利用生物转化率可以直观地辨识添加不同比例蚓粪后平菇出菇量的效果。生物转换率越高，栽培效果越好，出菇量越高。试验测得使用传统基料栽培的食用菌生物转换率为59.2%，随着蚓粪添加比例的增加，平菇生物转换率逐渐减少，以添加25%蚓粪的基料平菇产量最高、重量最重、生物转换率最大，达97.80%；而添加75%蚓粪基料的生物转换率仅为41.63%，平菇籽实体总重量最轻。由此可见，在传统基料中添加适量比例蚓粪栽培食用菌具有可行性。

2. 传统基料添加蚓粪、猪粪木盒法平菇栽培技术 蚓粪颗粒均匀、无味、透气保水能力好，包含 18 种氨基酸，有机质含量 40％以上，含有大量微生物群落，具有较高的资源开发潜力。利用畜禽粪便养殖蚯蚓后产生的蚓粪资源，探索适合当地不同食用菌品种栽培需求的基料配方，对改善农村生态环境，创建生态食用菌产业和生态农业，发展具有地区特色的循环经济有极大的示范作用。栽培基料是食用菌生产必备要素，为了更好地推广食用菌栽培新技术及拓宽食用菌栽培基料的来源，笔者所在课题组以蚓粪作为平菇栽培基料的主要添加成分，研究常规食用菌栽培基料中添加不同比例蚓粪和其他类型畜禽粪便的可行性。培养结果表明，在常规基料中添加 12.5％的蚓粪和 12.5％的猪粪，以木盒法进行平菇栽培，单位面积内，在出菇批次、菌盖、柄长、菌丝生长状态及产量方面明显高于常规菌袋栽培法。现就在传统基料中添加蚓粪和猪粪木盒法平菇栽培技术做一介绍，为广大养殖户科学、合理地利用当地资源，实施食用菌生态养殖提供科学依据与可行性参考。

（1）栽培菌种与材料。平菇菌种农平 2013-1、畜禽粪便养殖蚯蚓产生的蚓粪、猪粪、棉籽壳、高锰酸钾、生石灰、葡萄糖、多菌灵、塑料薄膜、聚丙烯菌袋、PP 打包带（聚丙烯打包带）、剪刀、蜡烛、打火机、橡皮筋、报纸、手套、高压蒸汽灭菌锅、接种箱、水桶、镊子、烧杯、酒精灯、棉球、75％乙醇、棉绳、洒水瓶、量尺、小型台秤，长宽高为 40 cm×50 cm×20 cm 木盒，木盒厚度 1.5 cm。

（2）栽培方法。

①基料称量与配制。蚓粪和猪粪需充分腐熟发酵，烈日下暴晒 3 d，磨碎，密封保存于阴凉干燥处备用。棉籽壳、蚓粪、猪粪、石灰粉和葡萄糖按照 72：12.5：12.5：2：1 的比例准确称量各种原料，将棉籽壳用石灰水浸泡杀菌，并保持其含水量为 60％～65％。按照说明书加入多菌灵，把称好的各种基料搅拌均匀，混匀后基料的含水量以用手握，手指间有水渗出，但不滴下为佳，此时基料中含水量达 60％，堆料 2～3 d。

②灭菌。将木盒清洗干净晾干，撒上石灰后，在木盒内侧铺上剪裁好的塑料薄膜，撒上一层石灰粉杀菌，将拌好的基料装盒，装盒高度约为 10 cm。

③接种。平菇接种时，在基料表面铺上一层厚 1～2 cm 的菌种，再撒上一层石灰粉，用塑料薄膜密封严，待菌丝生长覆盖整个表面时，打开薄膜，把接种时的菌种去除，此期间观察是否感染杂菌，如有感染要及时处理。

④培养。首先对培养环境进行喷雾或撒石灰粉消毒处理，根据购买平菇菌种对温度的不同要求，将接种的木盒放入温度合适的培养室下培养。培养室应具备平菇生长所需的光照条件，并保持通风和环境清洁卫生。木盒内的菌丝长满时，掀开塑料薄膜，去除接种时的菌种，平菇生长期内保持适宜的光照度及温度、湿度。接种 16～19 d 后菌丝可长满盒内的培养基料，此时菌丝吃料扇面整齐，菌丝浓密，颜色洁白。

⑤出菇与收获。出菇后生长 8～9 d 后，平菇直径约 10 cm，菌柄粗度约 2 cm 时可采摘收获，出菇批次约 4 次，出菇间隔约 14 d，木盒法生长的平菇见图 3 - 11、图 3 - 12。

图 3 - 11　木盒法生长第 6 天的平菇　　图 3 - 12　木盒法生长第 9 天的平菇

常规栽培平菇基料中添加适量蚓粪和猪粪可以提高平菇产量，

原因可能是蚓粪具有良好的物理性状，富含有机质和腐殖酸，能提高平菇基料通透性，有利于平菇菌丝生长。猪粪质地较细，含有较多有机质和氮、磷、钾元素。蚓粪与猪粪按一定比例添加到传统栽培基料中后，由于结合了不同类型粪便的优点，符合食用菌生长与繁殖的特性，能够增加平菇籽实体密度，有效缩短生长周期，提高产量。将适宜比例的蚓粪和猪粪添加到常规基料中，使用木盒法栽培平菇科学有效、极具可行性和操作性。

六、羊用中草药舔砖的试制与饲喂效果

为了试制中草药舔砖及了解其饲喂效果，为今后牛、羊用新型中草药舔砖实际应用提供可行性参考，试验通过挤压法、锤击法及浸泡法对中草药试验舔砖硬度进行测试，初步确定物料粒径及水泥与膨润土添加对舔砖的影响后，以食盐、枣粉、膨润土、甘草、党参、麦芽等原料制作 4 种不同配方（配方 1～4）中草药试验舔砖，进行小鼠和肉羊适口性测试，进一步优化中草药配方，最后根据成本及加工难易度确定配方。每种配方分别压制 3 块舔砖用于饲喂效果观察。选择日龄相近的肉羊 40 只，分为 4 组，每组 10 只，公母各半，用优化后的配方制作的中草药试验舔砖饲喂试验组肉羊，对照组以常规饲料进行饲喂，在 15 d 内测定试验羊对中草药试验舔砖的舔食量，观测试验羊饮水、毛色、精神及粪球硬度等指标，确定最佳配方。结果表明，以物料颗粒直径为 1 mm 制作的中草药试验舔砖硬度最高。配方 1、配方 3 和配方 4 的舔食量、适口性较好，小鼠和肉羊精神、食欲、饮水、排便均正常，无任何毒副反应。因此，在配方 1、配方 3、配方 4 基础上优化设计了 3 种中草药试验舔砖配方（配方 A～C），以配方 C（麦芽 10％、红枣 12％、山楂 12％、茯苓 19％、贯众 10％、鸡内金 12％、陈皮 25％组成）制备的中草药试验舔砖在肉羊毛色、精神、粪球硬度、日均采食饲料和饮水量等饲喂指标上优于常规饲料和其他配方。说明以配方 C 研发牛、羊用新型中草药舔砖具有可行性。

舔砖是将多种矿物盐等成分经科学组方，通过压制工艺制成的

供牛、羊等草食动物舔食的一种块状物质，是草食家畜补充矿物元素、非蛋白氮等营养物质的一种简单有效的方式（图3‐13、图3‐14）。大量研究结果表明，补饲舔砖能明显改善牛羊的健康状况，促进生长，提高经济效益，具有广阔的应用前景。舔砖生产技术在国外已相当成熟，目前已发展到适合于不同品种、用途、饲养模式牛羊的系列产品。我国牛羊舔砖相关研究在舔砖的品系开发、成分配比、适口性及加工工艺等方面还有待深入研究。在舔砖中加入适量的中草药可以预防和治疗牛羊的流行性疾病及常发性疾病，改善牛羊的健康状况，进而促进其生长。另外，舔砖的硬度、加工工艺、保存条件等直接影响其饲用效果。近年来，湖南文理学院肉羊与肉牛健康养殖课题组在前期肉羊中草药免疫增强剂和幼羊促生长中草药添加剂研制与饲喂试验的基础上，从中草药舔砖硬度、适口性及加工工艺等方面进行了牛羊用中草药舔砖的试制与饲喂效果观测，以期为进一步完善舔砖配方、改进产品品质与工艺、提高饲用效果，以及最终走向实用化提供科学依据和可行性参考。

图3‐13　舔砖压制现场　　　　图3‐14　实用化牛羊用舔砖

1. 材料

（1）实验动物。清洁级昆明小鼠20只，体重22～25 g，雌雄各半，购自湖南斯莱克景达实验动物有限公司，动物生产许可证号为SCXK湘2016-0002，常规方法饲养；150日龄体重约25 kg的肉羊70只，由湖南常德安乡雄稻牧业有限公司提供。

（2）主要成分。枣粉、陈皮、山楂、麦芽、甘草、鸡内金、茯苓、贯众、木香等中草药，玉米、水泥、膨润土、食盐等。

（3）主要仪器。电热恒温鼓风干燥箱（型号为 DHG -9240A）、高速粉碎机（型号为 SF-8213）、滤筛（直径大小分别为 1 mm、1.5 mm、2 mm）、研钵、电子秤、锤子等。

2. 方法

（1）不同物料粒径及配方对中草药试验舔砖硬度的影响。首先以玉米为试验材料，用研钵粉碎后分别用直径为 1 mm、1.5 mm、2 mm 的滤筛过滤，分成 3 种不同粒径的基料后分别装入大小相同的器皿中，添加适量自来水，每种粒径基料分装 3 个器皿，依次分别编号为 1～3，将 9 个器皿中的基料用锤子敲打紧实后用烘箱烘干，采用挤压法(即用手用力挤压观察其变形程度)、锤击法(用锤子敲击)和浸泡法(考虑到牛、羊舔舐舔砖时会使舔砖吸水，即将测试舔砖浸泡于水中观测出现松散状态的时间)进行硬度测试。硬度强度由弱变强依次标记为"＋、＋＋、＋＋＋、＋＋＋＋、＋＋＋＋＋"，确定硬度最佳的玉米粒径后分别与 5％、10％、15％、20％、25％水泥和 5％、10％、20％膨润土单独混合，以相同方法与容器制备试验舔砖，每种比例制备 3 块，以锤击法进行硬度测试，确定不同水泥和膨润土添加比例对舔砖硬度的影响。在上述试验结果的基础上，以食盐、水泥、膨润土等为主要材料，以最佳物料粒径的枣粉模拟替代前期试验中的玉米，设置不同比例的枣粉、水泥、食盐及膨润土配方，将其制成模拟中草药试验舔砖，共设 7 组，每组配方制作 3 块，制作容器、大小、方法和硬度测试方法同上。在保证舔砖硬度的基础上确定上述原料添加的最佳配比范围。

（2）中草药试验舔砖的适口性测试。依据中草药配伍原理，以食盐、枣粉、膨润土、甘草、党参、麦芽等原料制作不同配方中草药试验舔砖，在小鼠试验舔砖适口性测试基础上进行肉羊适口性测试。将体重相同的小鼠分为 5 组，每组 4 只，1～4 组为对应饲喂 1～4 配方试验舔砖（表 3 - 10）的试验组，5 组为饲喂普通饲料的对照组。每天 9：00 饲喂相同重量的常规饲料和试验舔砖并供应清洁饮水，连续饲喂 7 d，每天定时记录小鼠食欲、饮水、排便、毛色、精神状态、日增重，以及有无中毒等情况。根据小鼠饲喂试验结果，筛选适口性好且无毒性的 3 种配方，以相同的制备工艺用于肉羊适口性测试。将日龄相近的 30 只肉羊分为 3 组，每组 10 只，公母各半，饲喂 7 d 后计算每种配方的采食量，并观测肉羊饲喂后的精神、食欲、饮水和排便情况，综合判断试验舔砖的适口性，根据适口性测试结果对中草药试验舔砖的配方进行进一步优化与制备。

表 3 - 10　用于肉羊适口性测试中草药试验舔砖的成分与配方

组别	配方组成
1	食盐 5％、枣粉 65％、膨润土 5％、甘草 10％、党参 5％、麦芽 10％
2	水泥 5％、食盐 10％、枣粉 60％、膨润土 5％、神曲 5％、茯苓 15％
3	食盐 5％、枣粉 65％、膨润土 5％、陈皮 15％、鸡内金 10％
4	麸皮 55％、枣粉 5％、陈皮 15％、山楂 10％、麦芽 10％、膨润土 5％

（3）中草药试验舔砖的制备与饲喂效果观测。根据前期试验舔砖硬度测试及小鼠与肉羊适口性测试结果，考虑成本及加工难易度等因素，以促进生长和提高机体免疫力为目的，以陈皮、山楂、麦芽、甘草、鸡内金、茯苓、贯众、木香等中草药进行优化组方，以膨润土、水泥、食盐和水为辅料，中草药与辅料重量比为 6∶4，每种配方在常德青禾饲料有限公司分别压制 3 块舔砖用于饲喂效果观察。将 40 只肉羊分为 4 组，每组 10 只，公母各半，用优化后的配方制作的中草药试验舔砖饲喂试验组肉羊；同时设对照组，以常规饲料进行饲喂，饲喂 15 d，测量每组试验羊对试验舔砖的舔食量，观测试验羊饮水量、毛色光泽度、精神及粪球硬度等指标。粪球硬度测试方法，每天随机采拾试验羊新鲜粪球 2 粒或 3 粒，以常规饲料饲喂肉羊粪球为对照，采用手碾压法评测粪球软硬度；毛色光泽度评测方法，与对照组肉羊毛色光泽度进行比较，观察试验组肉羊毛色，进行感官光泽度评测。

3. 结果

（1）不同物料粒径及配方对中草药试验舔砖硬度的影响。在以玉米为主要材料进行物料粒径与硬度关系的测试中发现：硬度与玉米粒径成反比，以颗粒直径为 1 mm 制作的试验舔砖硬度最高。水泥和膨润土添加试验结果显示，二者均有良好的黏结性，试验舔砖硬度与水泥和膨润土添加比例成正比。不同比例的枣粉、水泥、食盐与膨润土配制试验舔砖硬度测试结果显示，配方含 5％水泥、20％膨润土的 5 组和 7 组的硬度最大，只含纯枣粉的 3 组硬度最小，见表 3-11。

表 3-11　各组模拟舔砖硬度测试结果

组别	配方组成	硬度
1	10％食盐、80％枣粉、10％膨润土	＋
2	10％食盐、70％枣粉、20％膨润土	＋＋＋
3	100％枣粉	－
4	5％水泥、5％食盐、80％枣粉、10％膨润土	＋＋＋＋
5	5％水泥、5％食盐、70％枣粉、20％膨润土	＋＋＋＋＋
6	5％水泥、5％食盐、90％枣粉	＋＋
7	5％水泥、10％食盐、65％枣粉、20％膨润土	＋＋＋＋＋

注："＋、＋＋、＋＋＋、＋＋＋＋、＋＋＋＋＋"表示硬度强度依次递增；"－"表示舔砖基本无硬度。

（2）中草药试验舔砖的适口性测试。由表 3-12 可知，与对照相比，不同配方试验舔砖对小鼠适口性影响较大，配方 4 制作的试验舔砖，每天平均舔食量最高，适口性最好，然后依次为配方 3 和配方 1。配方 2 制作的试验舔砖小鼠每天平均舔食量最少，排便和饮水也最少，饲喂第 4 天有 2 只小鼠死亡。因此，选用配方 1、配方 3 和配方 4 进行肉羊适口性测试，结果显示，舔食量、适口性指标测试结果与小鼠适口性试验结果相似，肉羊精神、食欲、饮水、排便均正常，无任何毒副反应（表 3-13）。

表3-12　小鼠试验舔砖适口性测试结果

组别	精神状态	排便	饮水	毛色	适口性	平均舔食量（g/d）	平均日增重（g）	备注
对照组	正常	正常	正常	有光泽	—	—	0.24	
1	正常	正常	正常	有光泽	++	27	0.43	
2	委顿	较少	较少	无光泽	+	—	—	2只死亡
3	正常	正常	正常	有光泽、发亮	++	28	0.43	
4	正常	正常	正常	有光泽、发亮	++	45	0.47	

注："＋"表示饲喂适口性的程度，"＋"数量越多表示适口性越好，"－"表示未进行观测无数据。

表3-13　肉羊试验舔砖适口性测试结果

组别	公羊日均舔食量（g）	母羊日均舔食量（g）	适口性	精神、食欲、饮水、排便
1	41	33	+++	正常
3	23	29	++	正常
4	45	44	++++	正常

注：表中"＋"表示饲喂适口性的程度，"＋"数量越多表示适口性越好。

（3）中草药试验舔砖制备及饲喂效果观测。在试验舔砖硬度测试结果及小鼠、肉羊适口性试验结果基础上，重新优化设计了3种中草药试验舔砖配方（表3-14），经烘干粉碎后，以1 mm颗粒直径压制为成品（图3-15）。结果表明，配方C组压制的舔砖日均舔食量为46 g，与对照组相比，所有用于饲喂效果测试的配方组肉羊毛色有光泽、精神良好、粪球硬度适中、日均采食饲料和饮水量有所增加，配方C组舔砖各项饲喂指标优于对照组和其他配方组（表3-15）。

表3-14　优化后的中草药试验舔砖成分与配比

配方编号	中草药成分及比例	水泥、食盐、枣粉、膨润土重量比
A	山楂13%、白术17%、木香20%、陈皮12%、麦芽13%、鸡内金10%、甘草15%	0：3：32：5

（续）

配方编号	中草药成分及比例	水泥、食盐、枣粉、膨润土重量比
B	麦芽 10%、鸡内金 14%、党参 15%、茯苓 10%、甘草 10%、木香 21%、红枣 20%	5：3：27：5
C	麦芽 10%、红枣 12%、山楂 12%、茯苓 19%、贯众 10%、鸡内金 12%、陈皮 25%	0：5：30：5

注：中草药占试验舔砖重量比的 60%，辅料（水泥、食盐、枣粉、膨润土）占 40%。

图 3-15 中草药舔砖样品

表 3-15 中草药试验舔砖饲喂效果

组别	平均舔食量（g）	日均饲草采食量	日均饮水量	毛色	精神	粪球硬度
配方 A 组	36	+++	+++	有光泽	+++	++
配方 B 组	31	++	+++	有光泽	+++	++
配方 C 组	46	+++	+++	发亮	+++	++
对照组	—	++	++	正常	++	+++

注："+"表示饲喂效果的程度，"+"数量越多表示所对应的指标效果或程度越强，"—"表示未进行观测无数据。

中草药在提高牛和羊生长性能、抗病力和改善肉质等方面具有独特优势，而在常规舔砖中加入适量比例的中草药在我国还少见，本研究创新性地试制了中草药舔砖并取得了较好的饲喂效果，证明研发牛羊用新型中草药舔砖具有一定的科学性和可行性。研究发现，舔砖硬度与水泥和膨润土的添加比例成正比，考虑到水泥具有一定的腐蚀性，在实际生产中，为保证牛、羊等家畜的采食量和健康，中草药舔砖中水泥占比控制在≤5%、膨润土占比控制在≤20%为宜。由于舔砖中添加了水泥、膨润土等成分，因此试验舔砖对小鼠和肉羊的适口性有所降低，同时中草药的不同成分和配比也会影响舔砖的适口性；在小鼠适口性与饲喂效果观测试验中发现，配方2（水泥5%、食盐10%、枣粉60%、膨润土5%、神曲5%、茯苓15%）制作的舔砖每天平均舔食量最少，小鼠排便和饮水也最少，在饲喂第4天有2只小鼠死亡，分析原因可能与中草药配伍后发生不良反应有关。如何研制硬度适当、安全有效、不同功效品系的中草药舔砖值得进一步深入研究。笔者在中草药试验舔砖中添加了枣粉，其主要原因是红枣除成本较低、来源广泛外，还含有丰富的营养物质，如蛋白质、脂肪、糖类、纤维素、多种氨基酸，以及钙、磷、铁、钾、钠、镁、氯、碘等元素，能够促进机体生长发育与增强免疫力。考虑到中草药舔砖在存放过程中容易吸收空气中的水分受潮和中草药自身的气味容易生虫霉变，后期将在进一步优化配方的基础上开展中草药舔砖的防潮防霉试验，以期为后续新型牛、羊实用化中草药舔砖的研制与生产提供科学依据和可行性参考。

第二节　"草-羊-蚓-鱼-禽-菌"生态健康养殖模式应用及效益分析

一、"草-羊-蚓-鱼-禽-菌"生态健康养殖模式应用

养殖业生产应在注重经济效益的同时，加大资源的开发利用，大力发展和推广技术成熟、高效、环保的养殖模式，实现养殖业废弃物综合循环利用，在有效保护生态环境的同时达到养殖效益的最大化。近年来，随着国家对农业、畜牧业循环经济发展的高度重视，我国养殖业循环经济得到了快速发展。由于我国循环经济发展

起步晚、时间短，循环模式尚处于探索和逐步完善阶段。随着养羊业快速发展和存栏量的快速增长，羊粪尿的污染已成为目前我国肉羊养殖业急需解决的生态问题。

南方独特的地域与气候特点要求广大肉羊养殖户科学合理地利用当地资源，因地制宜地发展具有自身地域特色的高效生态健康养殖。为了向广大养殖户推广"草-羊-蚓-鱼-禽-菌"生态健康养殖模式，笔者针对洞庭湖区养殖场（户）目前养殖与经营的特点，在近年来与湖南常德安乡雄韬牧业有限责任公司合作经验基础上，开展了"草-羊-蚓-鱼-禽-菌"生态健康养殖模式的试点工作。以羊粪利用为主线，通过牧草种植-肉羊饲养-羊粪收集-蚯蚓养殖-鱼、禽饵料-蚓粪及禽粪回收再利用的生态健康养殖模式，有效拓展养殖经济链，实现养殖效益、社会效益及环境效益和谐共赢，为推广肉羊健康养殖模式及实用技术，发展地方区域特色经济，为提高经营收益提供可行性参考。实践表明，应用和推广"草-羊-蚓-鱼-禽-菌"生态健康养殖模式，可有效提高养殖经济效益和生态综合效益，为建设现代化、标准化养殖基地，构建种养互动型生态养羊业，实施肉羊中小规模标准化健康养殖提供示范与指导。近年来，笔者对一些养羊大户进行了相关生态健康养殖利用研究的试点工作，取得了明显成效，积累了一些相关技术经验。事实证明，中小规模肉羊养殖场（户）推行"草-羊-蚓-鱼-禽-菌"生态健康养殖模式具有科学性和可行性，是一种可持久发展的新型立体种养模式，值得大力推广应用。

二、"草-羊-蚓-鱼-禽-菌"生态健康养殖模式效益分析

1. 经济效益　以 50 亩荒坡地种植优质牧草养殖 300 只肉羊，每年产生羊粪 250 t。250 t 羊粪可养殖蚯蚓 5 亩，年产活鲜蚯蚓 1 250~1 500 kg，年产蚓粪 100 t。以羊场附近养殖 5 亩鲫或鲤鱼塘和饲养 500 只土鸡为例。

（1）健康养殖产生的经济效益。利用家畜粪便养殖蚯蚓是极具市场潜力和竞争优势的新兴产业，是畜禽健康养殖价值的重要体

现。据报道,蚯蚓体内含蛋白质 6.6%～22.5% 和 23 种氨基酸,营养价值高,是一种优良动物性蛋白质饲料,利用蚯蚓饲喂甲鱼、黄鳝、鱼类、家禽等动物后,能有效提高动物饲料利用率及摄食量,显著改善动物肉质和风味。按照上述 300 只肉羊养殖规模计算,每年产生的羊粪可生产蚯蚓 1 250～1 500 kg/年,蚓粪 100 t/年。按蚯蚓市场价格 50 元/kg 计算,售卖蚯蚓的产值达 62 500～75 000元,蚓粪目前市场价为 200～250 元/t,蚓粪的产值达 20 000～25 000元。除去人工、场地等成本,每年养殖蚯蚓可获利 4 万～6 万元。传统的鱼、禽养殖生产中,饲料成本占养殖成本的 30%～60%,所用饲料多数为配合饲料,虽然鱼、禽食用后生长增重快,但肉品质量和风味较差,售价较低。利用蚯蚓饲喂鱼、禽后的经济效益远远高于传统饲料饲养鱼、禽的经济效益。以鱼、禽类养殖为例,普通常规饲料养殖的鱼、禽市场价格一般为 10～20 元/kg,而以蚯蚓作为搭配饵料生产的有机鱼、禽市场价格一般为 30～50 元/kg,增收效益十分显著。

(2) 蚓粪食用菌栽培产生的经济效益。蚓粪可用于食用菌栽培,新鲜蚓粪富含营养物质,具备质地松软、保湿性好、酸碱适中等优点,蚓粪中所含有的各种矿物质能满足菌类生长需要,是人工栽培香菇、平菇、鸡腿菇等食用菌较佳的培养基料。本章第一节中详细介绍了常规基料中添加羊粪和蚓粪平菇栽培的技术,在常规栽培平菇基料中添加适量比例的蚓粪可以提高平菇产量,利用蚓粪生产食用菌在一个食用菌种植大棚内可增收 3 000～5 000 元。图 3-16 和图 3-17 为课题组利用蚓粪和羊粪替代传统栽培基料生产的平菇。

(3) 羊粪与蚓粪生产有机肥产生的经济效益。目前,羊粪价格 20～30 元/t,通过养殖蚯蚓产生的蚓粪价格高达 200～250 元/t。如果经堆肥后制成高档有机肥,每吨售价 300～500 元,增收效益十分显著。蚓粪生态环保,是园林绿化、草坪花卉、生产绿色无公害蔬菜食品首选的有机肥。收集与加工蚓粪与羊粪,再将其运输到有机肥加工厂生产作物专用有机肥,可进一步增加养殖附加值,有

图 3-16　以蚓粪为基料箱式
法种植的平菇

图 3-17　以蚓粪和羊粪为基料
菌袋法生产的平菇

较高的经济效益和生态效益，开发前景非常广阔。例如，生产 1 t 羊粪发酵后的有机肥总成本 400 元，主要包括购买运输原材料羊粪支出 100 元，辅助材料费 150 元，生产费用 150 元。目前，每吨有机肥市场估价为 600 元，减去生产成本 400 元，每吨有机肥可获利 200 元。中等规模的山羊养殖场将发酵处理后的羊粪送到附近有机肥加工厂，采用优化配方和工艺技术，年产优质有机复合肥 200 t，一年可获利 4 万元。如进一步研发生产棉花、葡萄、西瓜种植用的作物专用有机肥，则经济效益会更高。

（4）综合经济效益。根据以上经济效益估算，在不考虑常规养殖污染治理费和电费等支出的情况下，年出栏 300 头肉羊的养殖场采用"草-羊-蚓-鱼-禽-菌"生态健康养殖方式，与常规养殖相比可增创 4 万～5 万元，综合效益十分显著，极具科学性、可行性和实用推广性。如在进行羊肉、蚯蚓、鱼、禽、蔬菜等有机产品生产的同时开办户营型农家乐餐饮进行立体多元化经营，吸引城市中生活的消费者进行餐饮消费，综合经济效益则更加可观。

2. 社会效益　养殖场通过种植甜高粱等牧草饲养肉羊，收集羊粪后用于养殖蚯蚓，再进行有机鱼、禽养殖，以及蚓粪开发利用、有机肥生产、农家乐餐饮服务等，可吸纳社会闲散劳动力，增加农村就业岗位，促进农村和谐稳定与可持续发展。随着"草-羊-蚓-鱼-禽-菌"新型生态健康养殖模式的应用与推广，在推动生态健康养殖、清洁能源利用、粪尿综合治理、农民增收及农村可持续发展等方面将取得更大更广的效益。

3. 生态综合效益　在"草-羊-蚓-鱼-禽-菌"生态健康养殖系统中，羊粪尿直接用于蚯蚓养殖，实现了粪尿的零排放，有效减少了对环境造成的污染。粪尿的合理利用与无害化处理，减少了因粪尿污染造成传染性疾病及寄生虫病的暴发流行，大大降低了用药成本，使羊肉中的药物残留量有效降低，提升了有机肉品质量与风味。运用羊粪层叠式生态堆肥模式处理羊粪后养殖蚯蚓，粪尿资源的就地利用节约了运输费用，"草-羊-蚓-鱼-禽-菌"种养结合，有效提高了单位面积内养殖密度及有机羊、蚓、鱼、禽、草、食用菌的数量与产量。在农田及草场中施用羊粪、蚓粪、禽粪后，节约了农药化肥用量，提高了有机农产品及饲草的产量与质量，在食用菌栽培生长中，利用蚓粪替代部分传统的基料棉籽壳，可有效缓解食用菌产业化迅猛发展中出现的栽培基料资源紧缺问题，对改善农村生态环境，创建生态食用菌产业和生态农业，发展有地方特色的循环经济有极大的示范作用，综合效益十分显著。

规模化与集约化是我国肉羊养殖业发展的必然趋势，实现养殖排泄物的零排放及粪便无害化处理与综合利用，是建立节约型社会的前提，也是实现湖区肉羊养殖业可持续发展和助推乡村振兴的根本途径。结合当前市场和国家战略发展的需求，充分掌握畜禽健康养殖的技术要点，探索与构建基于循环经济具有地域特色、高效适度规模的生态健康养殖，发挥健康养殖的技术优势，积极推进健康养殖模式的推广与应用，已成为当前国内畜禽健康养殖与模式创新的新热点。实践证明，"草-羊-蚓-鱼-禽-菌"生态健康养殖模式是对前期校企合作成果的有机衔接和拓展，是一种高效环保、种养紧密结合、切实可行的生态健康养殖实用技术。该技术能多级利用羊粪资源，减轻养殖废弃物对环境的污染，提高有机农副产品的产量与质量，促进农民增收。"草-羊-蚓-鱼-禽-菌"生态健康养殖模式的构建与实际应用，合理高效地配置了现有资源，通过发展多元化生产，确实有效地延长了种养生态链，提升了养殖生产效率，增加了肉羊与蚯蚓养殖的附加值，提高了有机肉品的质量与风味，实现了经济效益与生态效益的最大化。相信在政府扶持和有利政策推动下，秉承安全、高效和绿色发展理念，以建立特色肉羊养殖基地为抓手，提升传统肉羊养殖产业化经营水平，打造具有当地特色高档有机肉品消费品牌，必将进一步推动国内中小规模肉羊养殖业健康可持续发展。

三、关于发展肉羊特色健康养殖，助力乡村振兴建议

1. 优化肉羊养殖品种与饲养模式　目前国内肉羊养殖与经营模式主要有：①养殖小户自繁自养放养模式。该模式白天放牧，夜晚圈养，圈养时补饲少量草料或不补饲草料，10～12月龄出栏屠宰。②养殖大户基础母羊和短期育肥相结合模式。全年舍饲的基础母羊存栏量超过300只的养殖大户，羔羊断奶后全部育肥后出栏。③养殖大户收购与短期育肥模式。即专业育肥场（户）从母羊养殖户中收购断奶后的羔羊，体重一般为20～25 kg，放入育肥舍按照专业育肥技术进行育肥饲养管理，体重达到50～55 kg时出栏上市。④肉羊养殖专业合作社模式。该模式采用"公司＋基地＋农户"的运营模式，统一供种、统一技术、统一饲料、统一收购，带动周边农户养羊共同发展。对当地不同肉羊养殖品种、杂交效果以及产生的效益进行比较，优先选择日增重高、产肉性好、适应性好、抗病力强、改良效果显著、经济效益可观、可完全适合当地养殖的肉羊品种，采用大户舍饲规模化养殖模式可取得较大收益。

2. 适度扩大养殖规模，提高肉羊生产性能　在现有养殖规模基础上，根据自身技术条件，适度扩大养殖规模，利用玉米秸秆青（黄）贮技术进行饲喂，保持饲料品种多样化和羊群适度的运动量，提高日增重，及时淘汰老、弱、病、残，加强选种配种，断奶之后的育成羊根据品种、性别、大小、强弱及生产用途分别组群，分圈饲养，及时有效缓解和降低各型应激反应，缩短育肥周期。

3. 开发利用当地饲粮资源，优化日粮配方　充分利用当地丰富的自然牧草资源，辅以人工牧草，建议在天然牧草较少地方大力

推行种草养畜,根据所饲养不同品种肉羊的食性以及当地土壤、气候等条件选择牧草品种。大力推广玉米青贮饲料的应用,根据肉羊取食量和健康状况合理增加饲喂量。注意精、粗饲料搭配,以满足各龄肉羊生长的营养需要。舍饲育成羊日粮中一般优质青绿饲料占30%~40%,多汁饲料占10%~20%,青贮饲料占20%~30%,秸秆等粗饲料占20%~30%,精饲料占5%~15%,每天饲喂2~3次,饮水3~4次可取得较好的增重效果。

4. 推广应用饲养管理关键技术,实现肉羊健康特色养殖 以波杂山羊、杜泊羊和湖羊等作为肉羊养殖品种,应用和推广"草-羊-蚓-鱼-禽-菌"生态健康养殖模式,实现肉羊健康特色规模化养殖,生产安全、优质、无公害的有机畜产品,养殖经济效益和生态综合效益显著。

5. 实现羊粪无害化处理与资源化利用 羊粪由于产量少、分布较分散等原因多年来一直未受到足够重视。虽然国内规模化、集约化肉羊养殖场占比较小,但大多数养殖场已普遍采用漏缝地板,为羊粪收集和进一步利用提供了可能。对于羊粪等可利用资源,不同规模养殖场可采用不同资源化利用方式,如肥料化利用、沼气利用、蚯蚓养殖与食用菌栽培等,实现养殖效益与环境效益和谐共赢。

6. 扶植龙头企业,打造区域品牌 根据当地环境,转变养殖经营方式,引进优良品种与品牌养殖企业,带动当地养殖户由小型分散向规范化、基地化、品牌化方向发展,逐步形成区域明显、优势突出、特色鲜明的肉羊养殖特色龙头企业与产业链,打造区域品牌特色,提升产品档次,提高产品附加值,带动当地肉羊养殖业稳步发展。

7. 提振养殖信心,助推乡村振兴 实施草场改良、品种优化、舍饲精养、饲草种植与秸秆青贮利用、育成羊快速育肥、羊粪无害化处理与资源化利用,以及常见疾病有效防控等综合配套技术,通过打造绿色产业链,融合传统养殖方法和新型生态健康养殖技术,打造区域特色生态肉羊品牌,提高产品的竞争力与影响力。通过建立养殖示范基地,从根本上提高肉羊产业整体生产效益和可持续发展能力,推进农业产业化经营,增加农民收入,助推乡村振兴。

第四章　丘陵山地土鸡生态散养关键技术

——以丘陵土地为例

　　土鸡也称笨鸡或草鸡，主要指散养在山野林间或田间地头的肉用或肉蛋兼用鸡。因其肉质鲜美、营养丰富、绿色天然而颇受消费者青睐，价格逐年走高。相较于生猪、牛、羊等其他畜禽，土鸡养殖对技术和养殖场地要求不高，具有成本投入低、回收快、周期短、资金周转灵活、易操作、潜力大、养殖风险较小等优势。利用当地自然资源，发展多种饲养模式的土鸡生态健康养殖是实现经济效益与生态效益双赢的有效途径，具有广阔的市场空间。随着人们生活水平的提高，市场对生态健康养殖土鸡数量与质量的要求越来越高，湘西丘陵山地地偏人稀，农副产品多样，非常适合土鸡散养。目前，在养殖过程中存在如寄生虫病多发、应激反应较大等诸多技术管理问题，导致养殖效益差，农民饲养积极性不高（陈付，2018；岩扁，2018）。为了有效利用丘陵山地资源，提高散养土鸡品质，降低养殖成本，以有效利用当地生态与可利用资源为目的，结合近年来在当地生态散养示范基地的养殖模式与管理经验，以张家界永定区谢家垭乡龙阳村太空鸡生态散养示范基地为例，就湘西丘陵山地适宜立体养殖的品种及特点、模式与收益，土鸡养殖过程中的环境控制与饲养管理，土鸡养殖常见疾病防控、应激反应与应对措施，以及利用黑水虻处理鸡粪技术流程等关键技术进行介绍，并对后疫情背景下土鸡养殖提出相关建议，为国内丘陵山地土鸡生态健康养殖、提高经济效益提供科学依据与可行性参考。

第一节　丘陵山地土鸡生态散养日常管理

一、养殖模式

适合土鸡生态健康养殖的模式较多，不同的养殖模式产生的收益不同（成钢等，2019；黄河斋，2014；裴爱红等，2017；祝荣，2011；成钢，2015；杨明爽，2016；陈义，2014）。湘西丘陵山地的养殖户应根据当地地形、地势与海拔选择适宜的土鸡品种，一般多选用40日龄以上优质地方土鸡品种，养殖密度每亩不宜超过100只，每亩年收益1 500～5 000元。经济林下主要的生态养鸡模式有"茶-鸡"生态种养模式、"果-鸡"生态种养模式、"竹林-鸡"生态种养模式、"桑-鸡"生态种养模式、"茶-蚯-鸡"生态种养模式等。湘西丘陵山地适宜养殖模式及收益详见表4-1。

表4-1　湘西丘陵山地适宜立体养殖模式及收益

养殖模式	适宜种养品种	养殖密度	约增收元/（亩·年）
茶-蚓-鸡	湘林210或35、大平2号或大平3号	100～150 kg/亩、30～40只/亩	6 500
桑-鸡	强桑、育711等	800株/亩、30～40只/亩	5 600
羊-蚓-鸡	波杂山羊、大平2号或大平3号	5～15只/亩、100～150 kg/亩、30～40只/亩	1 500
桑-蚓-鸡	强桑、育711、大平2号或大平3号等	800株/亩、100～150 kg/亩、30只/亩	1 800
果-蚓-鸡	桃树、柑橘树等、大平2号或大平3号等	100～200只/亩	2 000
山地-鸡	—	80～100只/亩	2 000
竹林-鸡	—	50～100只/亩	1 500
林-草-鸡	灌木林及果树等经济林	300～500只/亩	2 000
茶-鸡	湘林210、湘林35等	25～40只/亩	1 500
稻-蚓-鸡	半湿半旱稻田	40～60只/亩	2 000

1. "茶-鸡"生态种养模式

（1）模式介绍。"茶-鸡"生态种养模式是利用山地茶园间隙养殖土鸡，实现茶鸡互利共生、种养结合、良性循环，一般在浙江、江西、云南等地推广应用较多。鸡穿行游走在茶林树下，采食茶园中的幼嫩杂草、草籽、蚯蚓、昆虫等，可降低茶园病虫害的发生率。鸡粪作为优质有机肥随土鸡不断游走施入茶园，可节省肥料，培肥地力，减少杂草生长，提高茶叶产量与品质。茶园养鸡可提高土地利用率；且茶园空气新鲜，阳光充足，鸡的饲养密度一般较低，饲养时间长，运动量大，生产的鸡肉与鸡蛋品质佳、味道好、售价高，可提高茶园的综合收益。按照 100 m^2 散养 10～12 只土鸡实施"茶-鸡"生态种养模式计算，该模式可减少饲料成本 10%～30%，每年节约人工除草和施用肥料费用约 500 元，年均每亩茶园鲜茶叶产量约增加 50 kg，每亩茶园养鸡销售额近 10 000 元，除去饲料、人工、管理成本等各类费用，每亩茶园经济效益增收 5 000～7 000 元。

（2）关键技术。"茶-鸡"生态种养模式关键技术涉及土鸡散养品种与密度、育雏、散养时间、利用灯光或性信息等诱虫、补饲补喂等技术。一般选择体型小、善运动、耐粗饲、抗逆性较强的土鸡品种，如芦花鸡、广西黄、崇仁麻鸡、芦花鸡、鹊山鸡和瑶鸡等。如购买 1～30 日龄的土鸡需室内集中育雏，30 日龄或体重达 0.25 kg 左右后，即可放入茶园散养；如购买 1 月龄左右的青年鸡，则适应性饲养 3～5 d 即可散养。散养后每天需定期补饲玉米、豆粕等配合饲料，保证鸡群生长发育的营养需求。茶园养鸡，饲养密度应较低，一般每亩散养 25～40 只，每年可散养 2～3 批，每批散养 80～100 d，土鸡体重达 1.5～2 kg 即可上市销售。

（3）主要问题。"茶-鸡"生态种养模式目前存在的主要问题有：茶农养殖具有盲目性，生产方式原始，茶园的生物资源利用率低，缺乏育雏及饲养管理技术，未搭建简易鸡棚、无必要的设施，土鸡散养后常常被黄鼠狼、鼠等天敌捕杀。补饲与补料不及时、不定时、不定量，缺乏疫病防控有效措施，往往造成土鸡营养不良、体质弱、生长发育缓慢、发病率和死亡率高等，养鸡生产水平低，导致出栏量少，养殖效益不高。

2. "果-鸡"生态种养模式

（1）模式介绍。果园养鸡是以承包的荒山、荒坡种植苹果树、梨树、橘树等果树，利用树间空地适量散养土鸡的一种生态种养模式，是果农增收致富的一条新途径。土鸡通过捕食树间各类昆虫、野菜、嫩草，辅以人工补饲玉米、豆粕、谷物、糠秕等饲料，既能去除杂草，又可节省饲料，降低养殖成本，有效减轻害虫对果树的危害，减少果园肥料、农药投入，提高果品的产量和质量；同时，散养的土鸡生长速度快，死亡率低，肉质紧实、风味佳，具有投资少、风险小、效益高、绿色环保等特点。

（2）关键技术。"果-鸡"生态种养模式的关键技术涉及散养土鸡的品种、饲料、补饲、出栏、驱虫、适时分群，以及减少应激等。应选择适应性强、耐粗饲、觅食力强、体型适中、抗病力强的优质地方品种，如湘黄鸡、桃源鸡、乌骨鸡、瑶鸡等。果树以树形较为高大、树龄 3 年以上为宜。30 日龄以上土鸡散养密度一般控制在 30～40 只/亩。散养密度过大，鸡会因食物不足而危害果树。散养初期每天早、晚各喂 1 次全价饲料，随着日龄增长逐步过渡到谷物杂粮，60 日龄以后全部换为谷物杂粮，且每天只补饲 1 次，以促使鸡群在果园中觅食，增加鸡活动量的同时，提高鸡肉的品质。在鸡龄 160～180 日龄或体重 2.0～2.5 kg 时即可上市销售。饲喂与出栏均采用全进全出制，在两批鸡饲养间隙，利用旋耕机将林地果园土地进行浅翻，把鸡粪、羽毛、草籽等翻入土中，以减少病原微生物的存储滞留，减少各类传染病和寄生虫病的暴发与流行。整个饲养周期内应避免各类应激。一旦发生应激反应时，饮水中适当添加微量元素和复合维生素可有效缓解应激症状。土鸡在空间相对开放的果园内活动觅食，与外界环境密切接触，2～4 月龄土鸡容易受蛔虫、球虫和绦虫等寄生虫的侵染，导致鸡体消瘦与抵抗力下降。因此，定期对土鸡进行驱虫尤为重要，采用枸橼酸哌嗪（驱蛔灵）、氯硝柳胺（灭绦灵）、二硝托胺（球痢灵）等药物驱虫效果良好。鸡舍、鸡棚门窗应安装铁丝网，防止鼠、黄鼠狼盗食。鸡舍四周建议采用尼龙网、铁丝网或竹篱笆圈围，防止土鸡飞出果园或人为偷盗。

（3）存在问题。采用"果-鸡"生态种养模式生产的"生态鸡"，因其肉、蛋的品质和风味独特，倍受广大消费者青睐。果园养鸡增加了鸡群的应激和管理难度，在实际养殖过程中还存在诸多问题：①没有公母分群养殖，导致鸡群大小差异严重，严重影响上市品质；②补饲不足，果园野草、昆虫数量有限，如散养密度过大，补饲不及时、不到位往往会导致土鸡瘦弱，增加养殖时间，减少养殖批次，间接增加养殖成本；③鸡群农药中毒现象多发，果树驱虫防病没有使用低毒高效农药，喷药后 7 d 内仍有鸡群放牧，导致鸡群采食地面昆虫而发生农药中毒；④鸡群危害果树严重，果树树龄与植株较小时，鸡喜欢上树觅食，啄食树叶和花果，导致果品品相不佳，影响价格；⑤兽类危害严重，导致饲料盗食严重，鸡死亡率高；⑥驱虫力度不够，导致球虫、蛔虫等寄生虫病多发；⑦果园外围环境与园内设施建设不足，如饲料仓库、竹篱笆或铁丝网围栏缺乏等。

针对上述问题，果农应不断积累和掌握鸡群养殖管理经验，可通过适时大小分群、公母分群措施结合驱虫防疫及时调整鸡群生长整齐度；在水果生长和收获期增加补饲次数或采用套袋技术，以防止鸡群危害果实。加强果园外围与场内环境建设，防兽（灭鼠）。"果-鸡"结合大力发展生态观光农业，吸引消费者采摘鲜果的同时售卖园养土鸡，可有效提高果园养鸡的经济效益。

3. "竹-鸡"生态种养模式

（1）模式介绍。"竹-鸡"生态种养模式是利用竹林中的自然资源，以放牧的方式进行土鸡生产。在除竹林杂草的同时，增加竹笋产量和生产优质土鸡。利用竹林间隙养殖土鸡，实现竹鸡互利共生、种养结合。该模式一般在湖北、湖南、江西等竹子产区推广应用较多。

（2）关键技术。"竹-鸡"生态种养模式关键技术涉及土鸡散养品种与鸡群轮放等方面。竹林养鸡品种的选择至关重要，常选择生长快、抗病力强、耐粗饲，且能迎合市场需求的本地土鸡或三黄鸡、河田鸡、湘黄鸡、瑶鸡等品种。鸡群实施轮散养殖，每年2—4月春笋生产高峰期实施低密度散养，每年饲养2批，散养密度每亩30～50羽。竹林实行分片轮放制度，放牧周期为30 d左右，放牧结束后散落的鸡粪能促进竹林内的青草生长，以及蚯蚓、昆虫等活饵的繁殖，增加下次鸡群采食种类的丰度，达到鸡、笋双丰收的效果。2—11月均可进行土鸡竹林散养，散养前鸡舍内外，以及附近竹林场地喷洒石灰水消毒；放牧场地需备足饮水器和补料槽，便于鸡群饮水与补饲。散养日龄、补饲方法及上市时间参见本节"果-鸡"生态种养模式。

（3）存在问题。由于竹子生长茂盛又喜湿阴环境，生长的环境均较为潮湿，容易引起土鸡疾病。平时应观察鸡群进食、活动及精神状态，早发现，早处置，早治疗。鸡群轮牧散养，鸡粪容易堆积发酵，可利用鸡粪饲养蝇蛆、蚯蚓喂鸡，消灭蚊蝇。春笋生产高峰期散养密度过大易造成春笋减产，应及时采收春笋。

4. "桑-鸡"生态种养模式

（1）模式介绍。"桑-鸡"生态种养模式是利用山地桑园间隙养殖土鸡，实现土鸡治虫、鸡粪养桑、桑鸡互补、种养并举的立体循环农业发展模式。桑园养鸡提高了种桑养蚕的效益，增加了农民收入，形成了良性生态循环，改良了桑园土质。桑园杂草浓茂、食源丰富，土鸡采食天然饲料，活动量大，肉质鲜嫩，营养丰富，深受消费者青睐。土鸡啄食桑园杂草害虫，鸡粪回园入土，每亩节约除草、施肥成本300元左右，桑叶产量增加5%～10%。同时，辅以大棚套种特色蔬菜、冬季牧草等，种养受益更为显著。

（2）关键技术。采用"桑-鸡"生态种养模式，鸡舍应选在桑园建设，以便于饲养管理。选择30日龄后的脱温土鸡在桑园散养，散养密度每亩30～50只为宜，保证鸡群充足的觅食活动空间。早晨将土鸡放出鸡舍，让其自由采食天然饵料，傍晚赶回鸡舍前补饲谷实类饲料，保证生长发育营养所需。散养土鸡的品种、饲料、补饲、出栏、驱虫、适时分群，以及减少应激等相关技术参见本节"果-鸡"生态种养模式。

（3）存在问题。"桑-鸡"生态种养模式存在问题与"果-鸡"生态种养模式类似，主要表现在补饲不足、驱虫防疫力度不够、鼠、兽危害严重导致饲料与鸡被盗食严重、桑园外围环境与园内设施建设不足等问题。针对以上问题，桑园应积极转变经营理念，以循环立体开发为突破口，以科学合理"套种养"为手段，加大桑园资源综合开发利用，有效减少种养成本，进一步增加桑园土地利用率和产出率。

5. "茶-蚓-鸡"生态种养模式　详见本书第七章丘陵坡地油茶林下新型生态种养模式研究与实践。

二、养殖管理

1. 品种选择　适宜在湘西丘陵山地饲养的土鸡品种较多，雪峰乌鸡、瑶鸡、桃源鸡等均是常见的优质地方土鸡品种，不同的品种间生产性能与饲养管理均有所不同，选用适应性强、耐粗饲、抗病力强的土鸡进行散养可显著提高养殖成功率和养殖收益。适宜湘西丘陵山地养殖的土鸡品种及特点见表4-2。

表4-2　适宜湘西丘陵山地养殖的土鸡品种及特点

品种	产地	生产性能	养殖周期（d）	平均成年体重（kg）	平均开产日龄	平均蛋重（g）
城口山地鸡	重庆市城口县	遗传稳、产蛋多	180	公2.2，母1.7	180	51
卢氏鸡	河南省卢氏县	体轻、肉蛋兼用	150	公1.7，母1.1	170	47
高脚鸡	贵州省普定县	体型大、生长慢、肉用	110	公2.4，母1.9	240	48
丝毛乌骨鸡	江西省泰和县	生产性能低、药用价值高	150	公2.6，母2.0	180	42
固始鸡	河南省固始县	遗传稳、产蛋多、肉蛋兼用	180	公2.1，母1.5	180	50

（续）

品种	产地	生产性能	养殖周期（d）	平均成年体重（kg）	平均开产日龄	平均蛋重（g）
惠阳胡须鸡	广东省惠州市	早熟易肥、肉用	110	公1.4，母1.1	150	45
桃源鸡	湖南省桃源县	体型大、肉蛋兼用	180	公3.2，母2.9	195	45
瑶鸡	广西南丹县	产蛋少、肉用	220	公3.5，母2.2	140	48
雪峰乌鸡	湖南省怀化市	繁殖性能好、肉蛋兼用	120	公2.0，母1.5	160	45

2. 鸡场选址及鸡舍建设 应该选择在远离村镇、公路，水源充足，排水良好，地势高燥，背风向阳，透光和通气性良好，环境安静无污染、林阴稀疏、阳光充足的地方建场。鸡舍建材可因地制宜，优先选用竹木结构，鸡舍与地面保持 1 m 以上距离，鸡舍棚高至少 2.5 m，宜采用石棉瓦双坡式屋顶，便于排水。鸡舍面积一般按雏鸡 20～25 只/m²，30 日龄鸡 10～15 只/m²，成年鸡 4～5 只/m² 的标准进行建设。1 个鸡舍一般养殖土鸡 500 只左右，鸡舍内外放置一定数量的料槽、饮水器及产蛋窝。鸡场四周用铁丝网或尼龙网围住，另行加盖面积足够大、遮阳避雨的简易棚。每栋鸡舍间相隔 10～25 m 为宜（图 4-1、图 4-2）。

图 4-1 龙阳村土鸡养殖场 鸡舍内部结构

图 4-2 龙阳村土鸡养殖场 鸡舍外部结构

3. 环境控制及饲养管理

（1）温度和湿度控制。控制育雏期鸡舍内的温度和湿度，对雏鸡健康快速生长尤为重要。1周龄育雏舍温度需保持在33～35 ℃，此后每周下降2 ℃左右，直至20 ℃左右保持不变。春、秋、冬季应保证育雏舍内温度33～34 ℃。1周龄育雏舍的相对湿度需保持在60%～65%，1周龄以后保持在55%～60%（表4-3）。

（2）鸡舍光照控制。土鸡对光刺激较敏感，育雏舍内要为土鸡提供充足的光照条件。1周龄雏鸡要保证每天24 h的光照，2周龄以后雏鸡每天光照22 h，此后每周减少2～3 h的光照时间，4周龄后进行自然光照。

（3）鸡舍与鸡场的消毒。做好土鸡传染病的防控，应定期对鸡舍、场地、用具和饮水等进行消毒，消毒周期与消毒剂的选用随土鸡周龄不同而不同。当发生传染病时，应确诊病原后选用敏感的消毒剂每天进行1～2次消毒操作（表4-3）。

表4-3　土鸡养殖过程中的环境控制和饲养管理

周龄	温度（℃）	相对湿度（%）	消毒周期（d）	常用消毒剂	日饲喂次数（d）	常用饲料
1	33～35	60～65	7	新洁尔灭、来苏儿	6	全价饲料
2	31～33	55～60	7	新洁尔灭、来苏儿	5	全价饲料
3	29～31	55～60	7	新洁尔灭、来苏儿	4	全价饲料
4	27～29	55～60	7	新洁尔灭、来苏儿	3	全价饲料
5～6	21～27	55～60	7	新洁尔灭、来苏儿	2	玉米/稻谷粉料、豆粕、糠麸、青绿饲料混合饲料
7～11	18～20	55～60	10	氢氧化钠、高锰酸钾	1	玉米/稻谷粉料、豆粕、糠麸、青绿饲料混合饲料
>11	18～20	55～60	15	甲醛、福尔马林	1	玉米/稻谷粉料、青绿混合饲料

（4）日常饲养管理。土鸡养殖过程中应根据土鸡日龄及生长阶段定时定量补饲，喂料量随着日龄合理增加，夏秋季少喂，春冬季

多喂。1～4 周龄雏鸡用全价饲料进行舍内饲喂，雏鸡舍饲时可在饲料中添加 5% 细沙以助消化，5 周龄以后土鸡开始散养，每天可搭配相应的自配饲料进行补饲。饲料品种应多样化，粗纤维含量高的饲料所占比例不宜过大。进入产蛋期后的土鸡应补饲石粉、贝壳粉及骨粉。土鸡上市前 1～2 个月只补饲玉米或稻谷及青绿饲料，可以提高鸡肉的品质与风味。雏鸡饮水中添加 5% 的葡萄糖和多维可显著增强雏鸡体质并降低应激反应。土鸡要进行公母、大小、强弱分群饲养，在注意养殖密度的同时还应加强日常疾病的防控。

三、种养结合灯光诱虫补饲土鸡生态集成技术

1. 灯光诱虫技术简介　灯光诱虫技术是利用昆虫趋光、趋波、趋色等特性进行昆虫标本采集、虫情预报，以及诱杀农业与林业害虫的一种现代物理防治技术，具有高效、生态环保等特点。国外最早使用乙炔灯和石蜡灯采集昆虫，我国灯光诱虫始于 20 世纪 60 年代，村民利用白炽灯做稻螟测报防控；利用煤油灯、汽灯和白炽灯诱杀种植业害虫。灯光诱虫涉及农、林、果园、蔬菜、烟草等领域，应用范围广，可诱杀 1 280 多种害虫，常见和主要的农业害虫有 60 余种。近年来，随着汞灯和 LED 灯等新型光源的出现以及太阳能技术的推广应用，利用灯光诱捕诱杀各类农业与林业昆虫技术得到了快速发展，一些地方利用紫外线灯筒捕捉蝎子，养殖户已开始使用灯光诱虫，为禽类、鱼类及蛙类等动物补充动物性蛋白饲料。灯光诱虫是替代化学方法防治病虫害、保障农副产品质量安全、提高资源利用率和综合效益最为科学有效的生物方法。

2. 环境因子对灯光诱虫的影响　温度、湿度、光照、气压、降水和光源等环境条件能够综合作用于昆虫，在制约和影响昆虫的生长、分布和繁衍的同时也影响着昆虫的趋光行为，影响利用诱虫灯进行害虫预测预报的准确性以及诱虫效果。不同昆虫对光的趋性不同，有些昆虫能感受紫外线到中远红外线，并且不同龄期和性别的同一种昆虫趋光性均有差异。研究发现，较广的光谱范围有利于提高诱虫量；诱虫效果、诱虫数量与环境温度、湿度和降水等因素

有显著的相关性，诱虫效果、诱虫数量与环境温度成正相关，而与湿度和降水因素成负相关。在生产中，使用灯光诱虫需从自然环境、诱虫光源、昆虫自身3个方面去选择和创造有利条件，才能获得最佳诱虫效果。

3. 种养结合灯光诱虫生态集成技术　种养结合灯光诱虫生态集成技术是灯光诱虫技术在畜牧业中的拓展与应用。在茶园、果园、竹林、桑树林间散养食虫土鸡，利用灯光诱捕诱杀各类农业与林业昆虫，将诱集的昆虫直接喂饲散养的土鸡，不仅可消灭大量农业害虫，保证经济林下害虫的防治效果，减少农药化学防治用量与成本，促进我国有机农业的发展，而且可实现种植业物理防治与养殖业活饵料收集喂养相结合，显著提高诱虫灯的使用效率，彰显生态种养的有机结合，提高种养结合产生的综合效益。诱虫效果与诱虫光源的种类、功率、安置高度等有关。

（1）灯源、光谱、灯高、灯距及功率对诱虫效果的影响。

①灯源。用于灯光诱虫的光源目前主要有白炽灯、汞灯和LED灯3类，也有使用普通荧光灯、紫外线灯、节能灯、节能宽谱诱虫灯等作为诱虫光源的。研究表明，使用不同灯型诱虫所诱集的鞘翅目昆虫数量与双翅目昆虫数量存在极显著差异。在实际生产中利用紫外荧光灯，或以第4代新型光源LED灯作为诱虫光源，灯光的覆盖面积大，节能与诱虫效果较好。

②光谱。不同种类的昆虫对不同波段光谱的敏感性不同，实践证明，光谱范围越宽，诱虫种类越多。宽谱光源是指波长介于320～680 nm的长波紫外光和可见光，宽谱光源对于常见的各类昆虫有明显的趋光引力。对鞘翅目的金龟子，双翅目的蚊蝇，鳞翅目的菜蛾、棉铃虫、美国白蛾，直翅目的螽斯、地老虎等多种昆虫有较为显著的诱集效果。

③灯高。诱虫光源的安置高度对诱虫效果有较大影响。在0.5～3 m内，灯源距地面越高，诱得的鳞翅目、鞘翅目、直翅目昆虫的种类及数量越多。

④灯距。灯光诱虫的有效范围是以诱虫光源为中心做的半径为

80～100 m 的圆，有效面积 2～3 hm²；诱虫有效范围还与诱虫光源高度和功率等有关。研究表明，在 50～250 m 内，灯距越远，诱集的直翅目、半翅目、双翅目种类与个体数量越多。主要用于补饲土鸡的诱虫灯，安置高度一般高于植物 50 cm 以上为宜，采用高灯和低灯搭配安置，诱虫效果较佳。

⑤功率。诱虫灯功率与诱虫效果成正相关，即诱虫灯具的功率越大，诱集昆虫的种类与个体数量就越多。环境温度与湿度对相同功率诱虫灯的诱虫效果有显著影响，高温、低湿天气有利于提高农田与林间灯光诱虫的效率。

（2）灯光诱虫后昆虫的收集与饲喂。每年 5—10 月，每天 20：00—24：00 进行林间诱虫活动，将诱虫灯安置在水塘附近或在灯下设置水盆，诱虫灯周围设挡虫板，各类昆虫在灯光引诱之下绕灯飞舞，撞击挡虫板后跌落水中溺死，从水中捞出昆虫可直接饲喂土鸡，作为动物性蛋白的补充，土鸡生长快、产蛋多、肉质好、抗病力强，补饲效果明显。

第二节　土鸡常见疾病及防控

科学有效地防控疾病是实现土鸡健康和提高养殖效益最重要的举措，由于养殖户普遍缺乏防疫意识和科学养殖技术，常导致土鸡体质差、抵抗力弱，容易诱发诸如禽流感、新城疫等疾病，从而造成巨大损失。掌握土鸡疾病的发生及流行特点，采取科学有效的综合防控措施，可有效降低土鸡的发病率和死亡率。现就土鸡发病特点、土鸡疾病综合防治技术要点、土鸡养殖常见疾病及防控，以及土鸡不同应激反应及应对措施等做一介绍。

一、土鸡发病特点

1. 传染迅速、死亡率高　虽然土鸡具有较强的抗病力、适应性和耐粗饲性，但是一旦土鸡发生传染性疾病，传播极为迅速，往往几天之内就会波及全群，病鸡的死亡率达 20％～50％。如果养殖户防控措施不科学、不及时，病死率会进一步升高，严重影响养殖效益。

2. 继发与交叉感染频繁 在土鸡养殖过程中，如果养殖环境差，土鸡体质差，在季节更替和气温突降时，往往导致鸡群突然发病。细菌性、病毒性和寄生虫性疾病是土鸡最重要和易发的疾病类型。感染一种疾病后往往继发其他类型疾病，并发、继发与交叉感染较为常见。心包积水综合征（安卡拉）等新病症的不断出现常导致防治难度进一步增加。

3. 寄生虫性疾病多发 土鸡多采用散养模式，与外界环境接触较为密切，常造成蛔虫病、球虫病等寄生虫性疾病，患病率10%～80%。患病土鸡表现消瘦贫血、腹泻等症状。

4. 治疗后鸡群恢复慢，淘汰率高 对于患病鸡群，一般采用消灭传染源。阻断传播途径。对症治疗的原则进行疾病的控制。治疗后一般恢复缓慢，成本较高，尤其是幼龄鸡治愈后往往生长缓慢、饲料转化率低、淘汰率高。

二、土鸡疾病综合防治技术要点

1. 增强体质，提高抗病力 注意土鸡喂养的科学性和合理性，优选品种，科学喂养，饲料原料购入渠道要正规，饲料营养合理搭配，在满足土鸡生长发育需求的情况下，在饲料中适当加入微量元素与维生素，增强土鸡体质，提高抗病力。散养土鸡要为鸡搭建防雨棚，以防止土鸡淋湿感冒。

2. 勤打扫，勤消毒 严格按照消毒程序对鸡舍进行定期清扫消毒，消毒药的种类应定期更换，以防止产生耐药性。对病死鸡及时焚烧掩埋，对于进出的人员与车辆严格消毒，杜绝参观。养殖场内鸡粪应及时清除并进行无害化处理。

3. 鸡种引入规范，疫苗接种合理 从正规厂家购进鸡种，引入后做好检疫与隔离工作，按照厂家提供的疫苗免疫接种程序进行疫苗接种，降低各类疾病的发病率。接种方式有滴鼻、点眼、注射、饮水、喷雾等，选择厂家推荐的方式进行接种。不可用自来水

稀释疫苗。疫苗瓶开启后应及时用完,以防止失效。鸡群接种疫苗时,应注意以下事项:

(1) 新城疫Ⅰ系疫苗与鸡痘等其他疫苗不宜混合接种。

(2) 若鸡群处于疾病的潜伏期或鸡群尚未完全康复时,不宜接种。

(3) 实行转群、更换饲料等操作,不宜与疫苗接种同时进行。

(4) 要使用生理盐水稀释弱毒疫苗,使用时应充分摇匀;稀释后的疫苗要在 4 h 内用完,工作人员要佩戴防护眼镜和口罩。

(5) 在给鸡进行滴鼻、点眼、饮水、喷雾等免疫前后 24 h 内不要进行喷雾消毒和饮水消毒。采用饮水免疫接种时,土鸡可暂停饮水 24 h,以保证鸡在 1 h 内饮完含有疫苗的水。不要使用经氯气消毒的水稀释疫苗,不要使用铁质饮水器装盛含有疫苗的饮水。

4. 加强人员培训,提高管理水平 实行鸡种、饲料的可追溯制度与鸡群的全进全出制,加强土鸡饲养人员技术培训,对鸡群进行科学管理,科学免疫,定期驱虫,合理用药,定期消毒。

5. 科学用药防治 日常饲养要勤观察,发现疑似病鸡应及时隔离、诊断与治疗。春秋季节,可熬制清热解毒的中药给鸡群饮用,预防感冒及呼吸道疾病的发生。使用药物治疗病鸡时,剂量要科学规范,在最大限度提高鸡群免疫力的同时,降低盲目用药对鸡群造成的危害程度。合理科学地使用药物可对各种疫病进行有效防控。土鸡常见疾病用药参考如下:

(1) 治疗呼吸道疾病可选用泰乐菌素、替米考星、盐酸多西环素等。

(2) 土鸡 12~15 日龄时可用球痢灵(二硝托胺)、地克珠利等拌料混饲 5~7 d 进行球虫病的预防。治疗球虫病可用克球粉(氯吡醇、氯羟吡啶)、氨丙啉、百球清(妥曲珠利)、球敌(磺胺氯吡嗪钠)拌入饲料或放入饮水中让鸡食用,使用磺胺氯吡嗪钠等磺胺类药治疗效果较佳。

(3) 鸡绦虫病可用灭虫丁(依佛菌素)、氯硝柳胺或阿维菌素拌入饲料进行治疗。

（4）鸡蛔虫病可用左旋咪唑或阿苯达唑内服治疗。蛔虫病和绦虫病每隔 1～2 个月驱虫 1 次。

（5）土鸡发生羽虱及螨虫病时，可在土鸡活动场地挖一浅池，按照硫黄粉与黄沙比例 2：10 的比例拌均匀放入池内，供土鸡自由沙浴进行治疗，可取得较佳效果。

三、土鸡养殖常见疾病及防控

1. 我国散养土鸡疾病发生的新特点

（1）新城疫、禽流感等常见病毒性疾病仍然是禽病防控的重点。新城疫、禽流感等常见病毒性疾病作为危害养殖业的主要疾病，病毒可以通过饮水、饲料、尘埃、排泄物以及分泌物等途径进行传播，较难全面预防。各地对这些病毒性疾病高度重视，采取积极免疫接种与防控措施进行有效预防。实际生产中，往往由于接种剂量不足、疫苗失效、接种方法不科学等原因造成鸡群散发，典型病理特征不明显，给上述疾病的诊断、治疗及防控工作带来诸多不便，加大了防治难度。因此，新城疫、禽流感等常见病毒性疾病仍然是散养土鸡疾病防控工作的重点和难点。

（2）鸡病混合感染现象极其普遍，增大了防治难度。近 80 种禽类疾病中，由病毒引发的传染病约占 80%，由细菌及寄生虫引发的疾病约占 20%。散养土鸡与外界环境接触较多，患一种疾病后往往因抵抗力与免疫力下降容易继发其他类型疾病，如细菌性性疾病、寄生虫性疾病，以及其他病毒性疾病，鸡病的混合感染导致临床症状特征不明显，增大了防治难度。

（3）免疫抑制性疾病的频发增大了疾病防控的难度。免疫抑制性疾病主要是指由于免疫器官、组织和免疫细胞受到损害而导致的暂时性或永久性免疫应答功能不全的疾病，目前尚无有效疗法。鸡马立克病（Marek's disease，MD）、传染性法氏囊病（infectious bursal disease，IBD）是散养土鸡常见的免疫抑制性疾病。生产中，一般通过强化饲养管理，如防疫、消毒等饲养环节对该类疾病进行预防。一旦发生这类疾病，应及时清除感染场地所有的土鸡，将鸡舍清洁消毒后，空置数周后再引进新雏鸡。一旦开始育雏，中途不得补充新鸡。

（4）环境污染严重，部分疾病的病原发生方式、流行特征会发生变化，增加了疫病传播机会。

2. 散养土鸡疾病诊断技术要点　散养土鸡疾病诊断往往涉及临床症状、用药情况、解剖诊断与鉴别诊断等几个方面。诊断时往往运用问诊、视诊、触诊、解剖诊断、鉴别诊断等多个手段。

（1）问诊。即询问土鸡病史：如什么时候开始发病，临床表现主要有哪些，发病后采取哪些措施，用药效果如何，曾接种过哪些疫苗，鸡场周边有无疫情等。

（2）视诊。观察病鸡精神状态、器官功能、羽毛光泽度、运动状态、呼吸状态、粪便干湿及色泽、死亡状态，以及有无肿瘤结节或神经症状等。

（3）触诊。用手触摸病鸡嗉囊充盈状态、体温、皮肤和腹部有无肿块或水肿等。

（4）解剖诊断。在上述诊断后进行解剖诊断，一般选择濒死病禽放血处死、解剖，依次观察消化、呼吸、循环、运动、泌尿、生殖、排泄及神经系统，疑似各类型疾病的典型症状，脏器有无充血、出血、水肿等临床症状，根据相关症状及时做出准确诊断。对于难以确诊的病例，应采集相应病料进行实验室诊断。剖检病鸡的尸体、血液、分泌物和排泄物，应焚烧消毒并进行无害化处理。

（5）鉴别诊断。土鸡疾病的混合感染导致临床症状不典型，临床诊断时应注意鉴别诊断。例如，传染性法氏囊病应注意与新城疫、传染性支气管炎、葡萄球菌病，以及鸡淋巴白血病等疾病相区别；内脏型马立克病应与鸡淋巴白血病和网状内皮组织增生病相区别；传染性支气管炎应与传染性喉气管炎相鉴别；因管理不当引起的霉菌感染、传染性法氏囊病、弧菌性肝炎等疾病部分症状与安卡拉病症状相似，应重视对其进行鉴别诊断。

土鸡因各类疾病导致的高死亡率会直接对养殖效益产生显著影响，了解各类疾病的症状、感染与传播途径、流行特点及剖检症状对诊断、确诊及治疗非常重要（梁明荣，2018；张春兰，2014）。湘西丘陵山地土鸡散养常见疾病及防控见表4-4。

表4-4 湘西丘陵山地土鸡养殖常见疾病及防控

属性	疾病	病原	易感周龄	主要传染途径	流行特点	临床表现	剖检症状	预防及治疗
病毒性疾病	新城疫	鸡新城疫病毒	<7	呼吸道、消化道传播	春秋多发	贫血、下痢，呼吸道症状、神经症状；鸡冠肉垂发绀	腺胃乳头出血、黏膜出血溃疡	Ⅳ系疫苗滴鼻点眼，注射油佐剂疫苗
	禽流感	禽流感病毒	<20	水平传播	春冬多发	冠髯肿胀发绀、出血、坏死，扭颈转圈等神经症状	肾肿胀、出血，胸腺、胰腺出血	用灭活疫苗接种（H5、H9）
	传染性法氏囊病	传染性法氏囊病毒	<15	水平、垂直传播	全年易感	啄自己的泄殖腔；怕冷乱堆，排稀粪，鸡粪偶尔带血	腿肌、胸肌出血，法氏囊高度水肿出血，花斑肾	加强饲养管理和消毒，定期预防接种
细菌性疾病	鸡白痢	鸡沙门菌	2~3	消化道传播	春冬多发	雏鸡排粥状、糊状粪便，肛门周围发生炎症	肝、脾肿大，肾充血或苍白，腹膜炎	磺胺类、抗菌类药物
	禽霍乱	巴氏杆菌	<16	分泌物传播	夏末秋初多发	败血症，关节腱鞘、卵巢、鸡冠肉髯水肿发炎	肌胃、肺充血，肝坏死点	预防接种，发病后用磺胺药
	禽伤寒	鸡沙门菌	>12	水平、垂直传播	春冬两季多发	闭眼、结膜炎，头下垂，排稀粪糊肛，频频饮水	肝、脾、肾红肿，肝有坏死灶，心包积水	肌内注射庆大霉素，磺胺类药物

（续）

属性	疾病	病原	易感周龄	主要传染途径	流行特点	临床表现	剖检症状	预防及治疗
寄生虫病	鸡蛔虫病	蛔虫	12～16	呼吸道、消化道传播	高温多雨季节易感	食欲减退，生长缓慢，成年鸡腹泻消瘦	肠道堵塞，肠结膜发炎、水肿、出血	枸橼酸哌嗪、阿维菌素、伊维菌素等
	鸡绦虫病	绦虫	3～6	消化道传播	夏秋季节易感	贫血，鸡冠黏膜苍白，下痢，两爪瘫痪，神经症状	脾肿大，肠管堵塞破裂，引起腹膜炎	氯硝柳胺、吡喹酮等
	鸡球虫病	球虫	3～8	消化道传播	梅雨季节易感	贫血，消瘦，下痢，粪中带血等	肠道点状出血和卡他性炎症	二硝托胺、地克珠利、青霉素等

3. 小规模土鸡饲养管理和疾病防治要点 选择 1 月龄左右脱温雏鸡进行饲养，成活率高；实行全进全出制度，环境消毒管理应到位；采用铁丝网等将饲养区域隔开，便于管理与环境控制；养殖密度应科学合理，幼龄鸡饲料应全价，喂食、饮水应定时；土鸡饲养 5～6 周后可散养，适当补喂饲料，勤观察土鸡活动与饮食状态，发现问题及时处理；对常见疾病防控的同时还应注意寄生虫病的防控：15～50 日龄土鸡（3 月龄以内）易患鸡球虫病；20～60 日龄土鸡易出现鸡绦虫病；35 日龄土鸡易出现鸡蛔虫病，2～4 月龄土鸡易感。按照以上介绍的饲养管理技术和疾病防控要点养殖土鸡可取得较好的养殖收益。

4. 各年龄段土鸡免疫接种程序参考

1 日龄：接种马立克疫苗，颈部皮下注射。

7～10 日龄：鸡新城疫Ⅳ系＋传染性支气管炎 H120 二联苗，点眼或滴鼻。

9～12 日龄：传染性法氏囊病疫苗，饮水免疫。

23 日龄：鸡痘疫苗，翅内刺种。

25 日龄：鸡新城疫Ⅳ系＋传染性支气管炎 H52 疫苗，饮水免疫。

28 日龄：传染性法氏囊病疫苗，饮水免疫。

80 日龄：鸡新城疫Ⅳ系＋传染性支气管炎 H52 疫苗，饮水免疫。

四、土鸡不同应激反应及应对措施

应激是畜禽机体对不良的、非正常的内、外刺激产生的非特异性反应。应激反应可引起鸡群食欲减退、生长缓慢、产蛋量下降、免疫力下降，常诱发其他各类疾病。免疫接种、饲料转换、季节变化、寄生虫等是丘陵山地土鸡散养主要的应激源。土鸡养殖过程中应减少一切应激因素，避免土鸡产生应激反应导致疾病甚至死亡（徐惠萍等，2019；张明琦，2017）。当土鸡对应激刺激产生应激反应时，应及时根据临床表现采取积极的应对措施，常见应激因素、鸡的主要表现及应对措施详见表 4-5。

表 4-5　常见应激因素、鸡的主要表现及应对措施

应激因素	鸡的主要表现	应对措施
免疫接种	免疫接种新城疫疫苗引起鸡精神萎靡，免疫接种传染性法氏囊病疫苗引起昏睡甚至死亡等	晚间免疫接种及严格控制免疫接种剂量
饲料转换	营养指标等改变导致鸡发育迟缓、精神萎靡	添加足够的多维和添加剂，换料要有 2～3 周的适应过渡期
季节变化	热：排稀便、脱水、继发细菌性肠炎 湿：肠道疾病、关节炎 换季感冒：呼吸道症状甚至肺炎	高温高湿下饲料中添加适量碳酸氢钠，补充钙磷，饲喂清热解毒中草药等；加强通风，稳定湿度温度
动物应激	受惊导致软壳蛋增多、卵黄性腹膜炎	饮服多维
疾病应激	感染细菌、病毒、寄生虫引起的病理性反应	接种疫苗；饲料中拌入或注射相应药物

天气骤变、免疫接种、混群、捕捉、缺水、高温、饲料突变等刺激可诱发鸡群产生应激反应。土鸡出现应激症状后，应采取积极措施及时消除应激源，给予适当药物避免应激综合征持续发生。加强日常饲养管理，保持饲料均衡营养，避免噪声等对鸡群的不良刺

激，制订科学的免疫接种程序，实施高效预防接种，及时补充多维及矿物质可有效防止和杜绝土鸡应激反应。

利用丘陵山地选择适合的养殖模式与土鸡品种进行生态高效散养是农民增收致富的有效途径。对土鸡养殖过程中的环境控制和高效管理，以及疾病防控是养殖成功的关键。目前，生态散养土鸡越来越受到消费者的认可和欢迎。如何利用现有资源，提高散养土鸡品质，降低养殖成本，是现阶段土鸡养殖过程中面临的现实问题。

第三节　黑水虻处理鸡粪及其他畜禽粪便技术

一、黑水虻处理鸡粪技术介绍

据 2017 年农业部官方数据统计，我国每年畜禽养殖粪污产生量约为 38 亿 t，其中家禽粪污年产生量约 6 亿 t，约占总量的 16%。土鸡每天排粪量约 100 g，一年每只约排粪 36.5 kg。鸡粪中含有丰富的氮、磷、钾等多种营养元素，新鲜鸡粪一般含水量约为 50%，有机质含量约为 25%。发酵后的鸡粪是大田农作物的好肥料，可有效促进种植业增产增收。目前，大型蛋鸡或肉鸡养殖场鸡粪处理主要以生产有机肥的方式对鸡粪进行无害化和资源化处理并加以利用，处理量大、效率高。中小规模养殖场产生的鸡粪处理主要有两种方式：一种是通过鸡粪干湿分离后运输到有机肥场进行有机肥生产；另一种方式是就地堆肥发酵肥料化利用，在堆放和发酵过程中蚊蝇乱飞，并产生大量 NH_3、H_2S、CH_4 等有毒有害气体，严重影响周边人们的日常生产生活。鸡粪中的氮、磷元素极易随降雨流失，从而引起水体富营养化，改变水体的理化性质，引起江河湖泊发生大面积水华。同时，粪便中携带的各种虫卵和致病微生物会造成疫病暴发与传播，对养殖户造成严重影响。传统土鸡养殖模式及废弃物处理技术已不适用于当前农村的社会发展，如何使鸡粪变废为宝，如何利用新技术处理鸡粪改善养殖环境、防止二次污染，减少疾病的传播，促进生态循环，种养有机结合和谐发展已成为现阶段农村中小规模土鸡养殖亟待解决的现实和关键问题。

二、黑水虻及其生活史

黑水虻（*Hermetia illucens* L.）属双翅目昆虫，又名亮斑扁角水虻，原产于美洲，是腐生性的水虻科昆虫。在我国广为分布的黑水虻具有触须较短、脚上有亮斑等形态特征。黑水虻因其幼虫能够大量取食生活垃圾和畜禽粪便，与蝇蛆、黄粉虫、大麦虫等资源昆虫齐名。黑水虻体内富含 17 种氨基酸，蛋白含量高。2013 年 10 月，联合国粮食及农业组织在《可食用昆虫报告》中将黑水虻作为最主要的蛋白饲料替代昆虫。黑水虻属于完全变态的昆虫，生活周期为 30～40 d，其生活史包括卵、幼虫、蛹和成虫 4 个阶段，虫卵孵化 2～4 d，幼虫至蛹 8～10 d，蛹期为 2～4 d，蛹至羽化 10～15 d，成虫产卵至死亡 4～7 d（图 4-3）。黑水虻幼虫具有食性杂、取食量大、生长与繁殖迅速、抗逆性强、吸收转化率高等特点，是进行鸡粪处理资源化利用的主要阶段。蛹期分为预蛹和蛹期两个阶段，此期可将黑水虻直接或烘干做成饲料喂鸡；成虫期短，不吃饲料（图 4-4、图 4-5）。

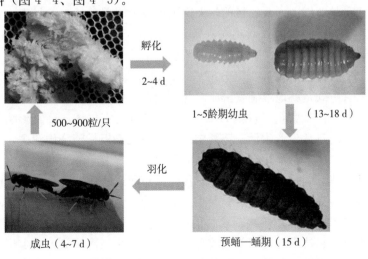

图 4-3 黑水虻生长周期（30～40 d）

图 4-4　黑水虻幼虫处理畜禽粪便　　　图 4-5　幼虫可作为饲料

三、黑水虻处理畜禽粪便研究进展及技术流程

由于黑水虻幼虫具有生命力顽强、营腐生性生活、食量大、繁殖周期快、饲养成本低等特点，近年来被广泛用于处理畜禽粪便及餐厨垃圾等废弃物。黑水虻幼虫能够利用粪便中的氮、磷、钾等营养成分使其转化为可被畜禽利用的高能蛋白原料。黑水虻处理畜禽粪便及餐厨垃圾技术简单易行，目前国内对黑水虻相关研究主要集中在黑水虻处理粪便的原理机制、黑水虻的养殖技术、黑水虻营养成分分析及加工利用等方面。研究发现，黑水虻幼虫较家蝇幼虫肠道具有较高活性的淀粉酶、脂肪酶和蛋白酶等，肠道菌群较为独特，各类酶的种类丰富、抗菌肽活力高，可更为高效地处理畜禽粪便等废弃物，转化成自身的营养成分。试验表明，畜禽粪便经过黑水虻幼虫处理后，其粪便中的挥发性有机化合物的排放量减少 87% 以上，在显著减少粪便含水量的同时，使得被处理的畜禽粪便中的伪狂犬病病毒、高致病性蓝耳病病毒及大肠杆菌和沙门菌等病原微生物含量大为降低，粪便疏松度大幅改善。由此可见，黑水虻幼虫处理畜禽粪便极具科学性与可行性。黑水虻处理畜禽粪便技术流程主要包括成虫饲养与繁育、采卵、虫卵孵化、幼虫处理粪便，以及幼虫收获、干燥、储存与利用。

四、黑水虻养殖关键技术

黑水虻养殖关键在于虫卵的收集与孵化，其养殖关键技术如下：

1. 种虫繁育技术 黑水虻化蛹至羽化一般温度需保持在 25 ℃以上，相对湿度维持在 75%～80%。羽化后的雌性成虫平均寿命 7～9 d，雄性成虫平均寿命 6～7 d。成虫喜欢在大叶绿色植物上栖息，利用此特性，定期在植物叶片上喷洒加适量蜂蜜的红糖水供成虫取食停歇。环境温度控制在 35 ℃以上，相对湿度保持在 65%，光照度维持在 3 000～4 000 lx，成虫羽化 1～2 d 后即能交配，交配一般在飞行过程中完成，交配 2～3 d 后的雌虫即可在适宜的产卵场所一次性产卵约 800 粒，产卵后不久死亡。

2. 采卵 雌性黑水虻很少将卵直接产于食料上，而是偏好在较为干燥的缝隙中产卵。根据此特性，饲养人员可将长 33 cm、厚 1.8 cm、宽 5 cm 的密度板 3～5 层叠放制作黑水虻卵的收集器，置于食料附近，层间缝隙保持 2 mm。黑水虻的卵粒晶莹透明、排列整齐，形成的卵块采集后置于加盖有防蝇网的塑料盒内用于人工孵化。

3. 孵化 将收集到的黑水虻卵放置于塑料盒内，盒底部铺有一层发酵 1 d、含水量 60% 左右的麦麸，人工孵化时温度控制在 30 ℃以上，相对湿度 80% 左右，2～4 d 后孵出幼虫。

4. 幼虫饲养 为提高鸡粪的处理效率和幼虫成活率，通常将刚孵化的黑水虻幼虫放入温度 25～30 ℃、相对湿度不低于 60%、幼虫饲料相对湿度不高于 80% 的花生麸、麦麸、玉米粉或豆粕中饲养，当幼虫体长 6 mm 以上时，即可用于鸡粪的生物处理。保持鸡粪一定的温度、湿度，经过黑水虻幼虫取食生长 7 d 左右，虫体长到 1～1.5 cm 时，即可进行虫料分离，分筛后的幼虫可以用于土鸡饲喂，虫粪收集后用于加工优质生物有机肥或专用作物有机肥。

5. 预蛹 幼虫饲喂鸡粪 7～10 d 后，停止进食，体色逐渐变为黑褐色，体壁硬化，进入预蛹阶段。利用预蛹幼虫有迁出食物的行为，可将虫体与鸡粪进行分离。将食盘保持倾斜，预蛹幼虫爬出后进行收集。也可将预蛹幼虫和食料放置于自然光下，利用幼虫的避光性，使虫料分离。将预蛹幼虫置于成虫饲养室内，避雨避光，约14 d后即可羽化出黑水虻成虫。

五、黑水虻的营养价值及其在动物生产中的应用

黑水虻养殖成本低、繁殖力强、畜禽粪便处理效能高，生命力强，幼虫和预蛹的营养价值较高，其体内的粗蛋白质和必需氨基酸含量丰富，富含多种维生素、胆固醇与微量元素，是一种极具开发潜力的新型蛋白质饲料。大量饲喂研究试验表明，黑水虻体内粗蛋白质含量与大豆粕相近，添加黑水虻及其制品替代部分畜禽常规蛋白质饲料，可促进畜禽生长，显著提高其生产性能。黑水虻取食新鲜畜禽粪便，将粪便中未消化的蛋白质和其他营养元素转化为高质量的动物性蛋白，被普遍认为是将有机废弃物转化为富含蛋白质和脂肪的生物资源转换器，现已在鱼类和肉鸡养殖、营养保健、医药等领域广泛应用。

据报道，6 kg的动物粪便能够生产1 kg的黑水虻虫蛹。推广利用畜禽粪便饲养黑水虻对缓解农村养殖业产生的废弃物，改善生态环境，促进中小规模畜禽养殖可持续发展具有重要借鉴意义。为了方便长期存储，干燥后的黑水虻幼虫可作为畜禽、淡水鱼类和宠物的优质饲料。新近研究表明，在草鱼、鲈和黄颡鱼饲料中添加黑水虻幼虫粉替代基础饲料中的鱼粉对上述鱼类的生长性能无显著影响；同时，具有促进新陈代谢、促进生长发育、调节鱼体脂肪含量、维持肝功能的作用。在育肥猪饲料中添加黑水虻虫粉替代蛋白粉和鱼粉，可提高育肥猪的生长性能、营养物质消化率和机体免疫力。利用黑水虻替代肉鸡饲料中的豆粕，对肉鸡的采食量和平均日增重无显著影响，但可大幅降低饲养成本。由此可见，黑水虻作为一种氨基酸组成较为均衡、微量元素与蛋白质含量高的动物性饲料可部分替代豆粕和鱼粉，是一种潜在饲料资源。利用黑水虻处理中小规模土鸡养殖产生的粪便使其自身转化为具有高附加值的土鸡蛋

白饲料，是中小规模土鸡生态健康养殖中的重要一环，开发利用前景广阔，极具推广应用价值。

六、黑水虻转化粪便存在的问题

目前，对黑水虻的相关研究还只停留在养殖技术的浅层阶段，相关配套技术仍不成熟，如何更为高效地利用黑水虻降解处理畜禽粪便，如何解决黑水虻规模化养殖问题、建立完善的黑水虻粪便处理体系，如何解决冬季繁育、营养需求、养殖关键技术、相关产品开发与加工技术等一系列产业化关键环节与技术，还需进一步深入研究。

第四节　鸡粪户外蝇蛆简易养殖技术

一、蝇蛆养殖技术简介

蝇蛆养殖开始于 20 世纪 60 年代的欧美等国家，是为解决当地畜禽养殖产生的废弃物以及动物性蛋白饲料缺乏等问题而产生的一项资源循环型技术。近年来，受新冠肺炎疫情、非洲猪瘟、气候变化导致粮食减产等因素的影响，全球鱼粉产量不断减少，价格逐年走高，解决国内养殖业动物性蛋白供应不足、节能减排、节本增效，保持我国畜牧业健康可持续发展已成为当前促进农村经济结构战略性调整、促进农民增产增收的关键性举措。充分利用养殖业可利用资源养殖黄粉虫、蝇蛆、蚯蚓等有益动物作为高蛋白饲料，是降低畜禽生产成本和提高经济效益的重要途径。农村养殖户利用畜禽粪便生产蝇蛆，具有成本低、效率高、繁殖快、周期短等特点，既可解决养殖场粪便对环境造成的污染，又可为畜禽提供优质动物性蛋白饲料，具有较高的生态与经济价值。新近研究表明，干蝇蛆粉中蛋白质、脂肪含量分别达到 60％和 12％，高出鱼粉 3.3 倍，在饲料中添加适量的鲜蛆：喂鸡可提高产蛋率，降低禽流感、新城疫等疫病发病率；喂鱼和喂猪后，鱼和猪生长速度明显加快；蛆粪还可作为绿色果蔬和花卉的首选优质有机肥。蝇蛆养殖有望成为解决中小规模养殖场粪便污染、降低饲料成本投入、提高养殖综合经济效益的新的发展方向。

二、鸡粪户外蝇蛆简易养殖技术介绍

户外蝇蛆简易养殖是每年的5—10月利用养殖场内能遮风避雨的茅草房或简易棚舍，以养殖场区内活动的苍蝇作为种蝇产卵，以猪粪或猪粪与鸡粪混合养殖苍蝇幼虫的技术，具有投资少、见效快、操作简单、成本低等优点，主要包括养殖池的建设、粪料的调配、集卵与卵的孵化、日常管理与采收饲喂、蛆粪的利用等步骤。

1. 养殖池的建设　蝇蛆养殖棚舍宜选择阴凉、光线较暗，且有较多野生苍蝇的地点搭建，用高100 cm的纱窗将搭建的简易棚舍四周圈围起来，防止鸡、鸭等动物进入采食破坏。养殖池长、宽、高分别为150 cm、100 cm、20 cm，池内放置畜禽粪便作为蝇蛆饵料。

2. 粪料的调配　鸡粪和猪粪是饲养蝇蛆的好原料，投入产出比约为4∶1。利用新鲜的纯猪粪或猪粪与鸡粪按照2∶1或7∶3的比例混合进行养殖，在每个养殖池内堆放3垄上述粪料，每条长100 cm、宽20 cm、高15 cm。

3. 集卵与卵的孵化　用死鱼或鱼的内脏作为集卵物放在养殖池内的粪垄上吸引野生苍蝇产卵，家蝇多在8∶00—15∶00产卵，每天可在12∶00和16∶00各收集蝇卵1次。苍蝇产卵期间不要随意在养殖池周边走动，以免干扰产卵过程。每天都要放置新粪料和集卵物，供苍蝇取食、产卵。当室外温度达25～35 ℃时，蝇卵约8 h孵化成小蝇蛆。

4. 日常管理与采收饲喂　蝇蛆从卵发育到成虫，一般需10～11 d，由卵到成蛆需4～5 d。初孵小蝇蛆每只重约0.08 mg。家蝇在24～30 ℃条件下，从卵发育到成熟蝇蛆只需4～5 d，体重可达20～25 mg，生物量增加了250～300倍，是生产蛋白质的生物转化器。家蝇的生活周期短，在适宜的温、湿度条件下每隔14～18 d

完成1个世代。孵化后的小蝇蛆经36～48 h取食后会将整齐堆放的粪垄爬松、爬散，72 h后蝇蛆开始爬出粪垄堆积到养殖池周边，一般在第7天后粪垄中的蝇蛆基本全部爬出，适时收集后可用于土鸡的饲喂。第8天清除蝇蛆取食过的粪垄（蛆粪），更换制作新的粪垄，在粪垄上放置死鱼或鱼的内脏吸引野生苍蝇产卵，开始新一轮的蝇蛆生产。

5. 蛆粪的利用　蛆粪是蝇蛆处理过的畜禽粪便，有机质含量约19.8%，其中氮、磷、钾的含量分别为2.3%、2.65%和1.83%，且含大量的抗植物病害活性物质，具有无臭、肥效长和防病抗病等特点，是蔬菜、花卉和果树优质的有机肥。施用蛆粪的果树与作物根系发达，高大健壮，落花落果少，发病少，品质优良，可作为本章所介绍的"茶-鸡""果-鸡""桑-鸡"等生态种养模式中茶、果等经济林下施用的优质肥料。

三、蝇蛆养殖常见问题及对策

1. 养殖技术落后　我国蝇蛆的养殖技术水平较国外先进国家落后，主要存在规模小、良种少、效率低、加工利用水平低、从业人员少等问题。目前，因其技术手段落后、规模化水平不高，该行业在国内还处于初级阶段，普及率不高。蝇蛆养殖主要集中在江西、贵州一带，多以半手工操作生产，养殖技术较为粗放落后，许多地方不被人们所认可接受。

2. 蝇蛆养殖限制因素较多　不论是室外还是室内，季节、温度、湿度、粪料配比、蝇种质量等是影响蝇蛆养殖成败的关键因素。例如，当环境温度达20 ℃以下时，蝇蛆就停止繁殖或进入休眠状态；畜禽粪料配比不当，往往造成幼蛆死亡或逃逸；室外饲养存在蚂蚁、鸟兽的危害，而室内饲养往往人工与建设成本高导致收益较差。

3. 存在一定程度的环境污染　苍蝇是引起疾病传播与流行的有害昆虫，繁殖能力极强，如果因管理不当导致成蝇出逃扩散，势必对当地生态环境造成影响。此外，畜禽粪便堆放、储运和进行调配制垄过程中散发的臭气会污染周边环境，还存在因降雨导致水土污染的风险。

4. 饲喂方法有待改进　户外蝇蛆养殖以野生苍蝇作为种蝇，所用的基料畜禽粪便一般也未经堆肥发酵处理，携带病原微生物较多。因此，养殖生产的蝇蛆携带大量有害微生物，不能直接饲喂土鸡等，需经过煮沸或用 0.07％的高锰酸钾溶液浸泡 5 min 后再行饲喂。

户外蝇蛆养殖是在传统蝇蛆养殖基础上进行的拓展，利用优良种蝇品种规模化生产高品质的抗菌蛋白饲料是蝇蛆养殖未来的发展方向。畜禽粪便高效养殖蝇蛆技术的推广应用，将有效缓解当前国内畜禽粪便污染严重和蛋白质饲料短缺两大难题。本节介绍的户外蝇蛆养殖技术可作为中小规模土鸡养殖场（户）利用鸡粪生产蝇蛆饲养土鸡的技术参考。

第五节　后疫情背景下中小规模土鸡养殖建议

一、选好品种与场址，重视环境保护

适合采用林下养鸡的品种选择以小体型的肉鸡为主，耐粗饲、抗病力强、体态轻盈、品相佳，一般多选择广西三黄鸡、铁脚麻鸡、江西崇仁麻鸡、金陵乌鸡、金凤乌鸡、盐津乌骨鸡和云南武定鸡等。湖南养殖的土鸡品种有湘黄鸡、黑土鸡、竹丝乌骨鸡、青脚麻鸡、汶上芦花鸡、雪峰乌鸡、瑶鸡等。上述品种肉鸡养殖应公母分群饲养，以 100～300 只/群为宜；散养时每亩 20～30 只为宜。

鸡场的选址极为关键，一般选择远离居民区、地势高燥、水源充足、背风向阳、通风良好、环境安静无污染、交通方便、便于饲料和鸡粪运输的场地进行建设。鸡场建设要远离居民饮用水源、水库，防止因降雨、洪水等因素造成鸡粪污染水源引起不必要的纠纷。土鸡养殖的品种关系到销售与利润，应选择符合当地人饮食习惯的品种养殖，对于新进品种可小规模试养销售，根据市场认可度决定养殖规模，切忌盲目跟风和追求新、奇、特导致销售不畅而造成经济损失。选好场址与养殖品种后，还应重视养殖场周围环境的保护，植树造林避免蚊蝇滋生。养殖场裸露地面应水泥硬化，防止有机废弃物随雨水渗透到地下。鸡场应配备小型鸡粪处理设施设备，对新鲜鸡粪及时干湿分离后转运，防止鸡粪随意堆放臭气散发，影响周边居民生产生活。鸡场管理人员和饲养人员应加强相关培训，增强环保意识。鸡场建设应达到国家和当地养殖环保要求。

二、适度规模特色养殖

特色养殖是指开发利用当地现有资源，从外地引进或以当地优质特色品种为养殖品种，在前期市场调研和试验性养殖基础上，采用特色养殖模式或特色养殖方法逐渐扩大养殖规模，发展与培育特色优势产业，养殖的产品市场认可度高。品种特色、资源特色、模式特色、技术与方法特色是规模化特色养殖的四要素，高效、高收益与高的市场认可度是检验规模特色养殖成功的三大指标。中小规模养殖场（户）应积极转变思想，拓宽与更新养殖思路，充分利用当地现有的丰富资源，如农副产品等和有利条件，采用成熟的养殖技术和先进管理经验，因地制宜地选择特色养殖方向，发展适度规模特色养殖，如进行丘陵坡地或林下土鸡养殖，将分散的传统养殖向特色、高效与规模化养殖转变，通过建设高标准规模养殖场，不断提高专业化养殖水平，以发展循环经济为途径实现产业化经营，开辟农民增收渠道，打造乡村特色养殖产业链。

三、养殖规模应循序渐进，建立相应技术储备

养殖规模是决定养殖效益的重要因素之一。土鸡养殖与品种、饲料、防疫、日常养殖管理技术水平、市场行情以及环境控制等多种因素相关。首批土鸡养殖成功并不能保证后续养殖绝对不失败。近年来，我国农村许多养殖户在饲养土鸡过程中主要存在专业养殖技术缺乏、饲养管理工作不到位、养殖管理模式传统单一、疾病防预体系不完善、销售渠道受限等问题。唯有遵循循序渐进的原则，

逐步逐级建立养殖与管理技术储备，切不可存在侥幸心理跃进贪大，盲目投资扩大养殖规模，造成不必要的经济损失。

四、保持生态风味，打造土鸡品牌

随着市场经济的发展，农副产品的市场竞争愈加激烈，市场竞争已不仅仅局限于成本、价格、品种，更是品质与品牌的竞争。"品牌"从经济学意义的角度主要是指产品的市场形象，涵盖产品的性能、质量、市场定位和消费者的满意度等方面。提升产品质量，保持原始生态风味，创建产品品牌，赢得市场认可是规模化特色养殖的方向与目标。以龙阳生态土鸡品牌的打造为例：从保证土鸡品质着手，根据龙阳村现有条件，以笔者所在学校师生提供成熟的养殖技术为支撑，以大型孵化企业提供的优质鸡苗为保证，通过林下种草生态散养、中草药防控常见疾病等途径，结合玉米、豆粕等青绿饲料补饲，不断优化土鸡营养搭配，保证土鸡生长过程营养均衡，确保龙阳土鸡肉质紧实、汤汁浓郁，突出以生态环境和健康养殖模式为核心生产的生态土鸡产品，通过生态化养殖、标准化饲养、商标注册与质量认证、市场营销等过程，打造磨砺适合当地大众消费群体接受与认可的土鸡品牌。

五、控制成本，有效降低养殖风险

成本控制是提高养殖收益的关键因素之一。土鸡养殖成本主要包括鸡苗购买费用、饲料与加工费用、饲养场地租赁与承包费用、鸡舍搭建材料与人工费用、鸡场围栏费用、饲养员工资、防疫费用等。利用土鸡对环境适应能力强，食性广泛，抗病力较强，有采食小虫、昆虫等特点，采用散养模式或本章第一节"表4-1 湘西丘陵山地适宜立体养殖模式及收益"介绍的养殖模式，可减少饲料投喂和节约人工成本。搭建鸡舍遵循因地制宜、就地取材、经济耐用、科学合理的原则，可优先选用当地常见和较为廉价的竹木材料，屋顶材料宜采用石棉瓦。在考虑鸡舍通风、防潮与保温的同时，还应做到因地制宜，本着节约土地、能耗、建设费用和劳动力的原则，科学合理地规划建设鸡舍。根据养殖规模和经济能力，利用有利地形，选择合适的建筑类型与建材；还可根据经营规模分期建设各种基本设施，逐步扩大养殖规模。条件允许时，可利用砖瓦、石材、水泥、钢筋、木材等耐用建筑材料建造永久性鸡舍。虽然一次性投资较大，但鸡舍坚固耐用，使用年限长，维修费用少，可间接降低建设成本。

六、提高信息应变处置水平，积极拓展销售市场

中小型养鸡户对市场价格波动较为敏感，只有切实掌握市场供求规律，及时了解供求信息，根据商品价值规律和市场供求变化，适时规划商品土鸡的生产规模和安排上市时段，才能确保获得最大的经济效益。提高龙阳土鸡知名度，保持信息与销售渠道畅通，提高市场应变处置能力与水平，对龙阳土鸡市场拓展进行精心设计，是龙阳土鸡积极拓展销售市场的关键性举措和宝贵经验。为打造龙阳土鸡品牌和拓展市场，推动当地经济发展，笔者带领研究团队先后在龙阳村进行了"湘西丘陵山地土鸡生态养殖关键技术研究""土鸡肠道有益微生物的分离与筛选""龙阳村土鸡生态散养及疾病综合防控技术"三项校级大学生创新创业项目的研究工作。之后，又带领研究团队以龙阳土鸡养殖销售为素材参加了大学生"互联网＋"创新创业大赛，在"建行杯"第六届湖南省"互联网＋"大学生创新创业大赛中荣获"青年红色铸梦之旅"赛道公益组三等奖，提高了龙阳土鸡知名度的同时，也吸引了投资人和相关企业的关注，提升了龙阳土鸡品牌的影响力。

在查阅文献，了解土鸡的市场行情和土鸡市场推广方式的基础上，分析龙阳村土鸡市场拓展的优势和劣势，借鉴学习国内土鸡品牌打造的成功案例，分析目前土鸡市场情况及影响土鸡销售的各种因素，根据龙阳村实际情况结合"互联网＋"销售模式，构思设计龙阳土鸡及农副产品销售框架蓝图：①线下销售的同时与当地多家农贸公司合作扩展市场。龙阳村作为乡村振兴、脱贫致富的受益者，争取当地政府的政策支持，树立乡村振兴典范，争取在"常德

日报""张家界日报"等新闻媒体宣传扩大龙阳土鸡的影响力。②保证龙阳土鸡好品质，加大线上销售力度，通过入驻京东、淘宝等平台销售，在抖音、快手等平台拍摄和分享龙阳土鸡天然生态养殖视频及乡土文化，吸引流量，网上直播带货，进一步扩大龙阳土鸡影响力的同时，带动当地其他农副产品，如生态胡萝卜、生态蜂蜜、生态稻米等产品的销售。力争以提供优质鸡苗的湘佳牧业有限责任公司牵头，建立电子商务交易平台，并与其他购物网址合作，探索构建具有垂直性的电子商务平台，通过该平台消费者可以直接观看龙阳土鸡的产品与种类并下单购买。

七、增强疫病防控意识，健全防疫制度

土鸡采用散散养殖时因与外界环境接触较多，较易发生各类疾病。瘦弱、体质较差、营养不良，以及天气突变等情况下更容易患病，常造成某种疾病的季节性暴发与流行，甚至导致大批死亡。根据龙阳土鸡常见疾病的发生和流行特点，季节动态变化规律，以及疾病防控经验，可将土鸡生态养殖过程中易发生的疾病分为病毒性疾病、细菌性疾病和寄生虫性疾病三大类，传染病约占各类土鸡疾病的 80%，细菌和寄生虫引发的约占 20%，因疾病造成的损失占 30%～40%。实时掌握土鸡各类疾病的临床症状、感染与传播途径、流行特点及剖检症状，对诊断、确诊及治疗非常重要（参见本章第二节）。增强散养土鸡疫病防控意识，健全各项防疫制度，提高防病控病能力，有效降低疾病发病率和死亡率，才能保证土鸡健康和散养土鸡的高品质。

八、倡导生态健康养殖

健康养殖理念的提出是科学发展观在畜牧领域的具体体现。其科学内涵包括动物养殖全过程和动物性产品的安全、健康两个方面。20 世纪 90 年代中后期以来，国际上健康养殖的研究内容主要涉及养殖生态环境的保护与修复、畜禽疫病防治、绿色药物研发、优质饲料配制、畜禽产品质量安全等领域。土鸡生态健康养殖是在

一定的养殖空间和区域内,确实有效地利用当地生态资源,通过相应的技术和管理措施,促使土鸡健康生长,提高养殖效益并保持生态平衡的一种养殖模式。利用当地自然资源结合地形和气候特点,因地制宜地发展土鸡生态健康养殖,是降低饲养管理成本,增加农民收入行之有效的措施。长期以来,由于土鸡饲养技术及管理水平较低、盲目追求短期效益等原因,使得中小规模养殖的土鸡产品绿色环保程度不高,市场竞争力弱。积极开展生态健康养殖,打造生态畜牧业,是国内土鸡养殖业提高市场认可度,实现可持续发展的必由之路。随着人民生活水平的提高,消费者的消费观念已由温饱型向小康型转变,人们对散养土鸡的安全性和内在品质提出了越来越高的要求。市场对畜禽产品安全的关注,要求养殖模式更新,倡导生态健康养殖。

自 2018 年起,项目组成员带领龙阳村委与湖南湘佳现代农业有限公司合作,项目组成员定期指导龙阳村村民科学养鸡和绿色生态农副产品的生产与布局,该村每年生产土鸡 2～3 批,每批 2 000～3 000 只。养殖过程中积累了一定的土鸡散养和疾病防控、鸡粪无害化处理的经验,由最初的简单养殖形成了生态健康高效的养鸡产业链,具备大规模养殖生态优质土鸡的技术储备和潜力。通过对龙阳土鸡进行品牌打造和市场拓展规划布局与相关研究,扩大了龙阳土鸡的知名度,有力地带动了其他农副产品的销售,为国内其他地区土鸡规模化养殖、品牌打造和推广提供了可行性参考。

第五章　"稻-鸭-蚓"生态种养模式研究与效益

——以汉寿与安乡两县为例

　　鸭肉因其蛋白质含量高，味道鲜美，自古以来就有养胃健脾与补虚劳的功效，倍受消费者喜爱。近年来，湖南常德汉寿县、安乡县通过肉鸭良种繁育体系建设，以及区域品牌培育打造，使两县肉鸭养殖业有了较快发展，肉鸭产品质量与品质有了较大改善，涌现出了海佳食品等一系列品牌企业，培育打造了"黄山头鸭"等区域特色品牌。通过挖掘特色肉鸭品种资源生产潜能，对现有模式技术进行拓展创新，创建农业品牌，促进现代农牧业高效稳定发展，用品牌农业来检验和推动农业转型升级，实现了农民增产增收，取得了较好的效果。

一、"稻-鸭-蚓"生态种养模式

　　稻田养鸭是种植业和养殖业紧密结合的一种立体生产模式，是以生产无公害稻、鸭产品为目标，提高土地资源利用率的一种新型种养生态农业模式，是我国现代稻作农业的一个重要补充（章家恩等，2002）。利用稻田为鸭提供适宜环境和鱼、虾、蟹等天然饵料；利用鸭捕食害虫、踩踏杂草、不断游走的行为特性减轻稻田中病虫、杂草危害，增加稻田土壤与根系氧气供应；利用家鸭排泄物促进水稻生长发育，达到节本增效、共生互利的有机耦合（杨华松等，2002）。汉寿与安乡两县河汊纵横，地势平坦，水系发达，是国家优质稻米生产大县和畜禽养殖大县。近几十年，农民利用田间自发养鸭，逐渐形成了稻田养鸭和稻鸭共生的区域经济。目前，国内对于稻鸭生态种养的研究主要集中在鸭子对水稻生长、品质、产量，稻田环境，以及稻鸭生态种养体系对鸭子生长发育、生活习性的影响等方面，而对如何通过进一步的技术创新、组装配套获得稻鸭生态种养体系综合效益最大化方面的研究较少。随着新型生产模式的发展和市场需求的转变，由于两县目前盛行的稻田养鸭和稻鸭共生体系相对粗放，因此受自然因素的影响较大。研究和探讨高效、生态和安全的可持续发展的新型种养模式，对现有技术环节进行拓展创新，进一步提高综合效益已成为现代农业研究领域中的重要内容。

"稻-鸭-蚓"生态种养模式是在市场对现存稻鸭生态种养体系环节需要进一步优化、系统功能需要进一步体现和发挥的背景下产生的。该模式对我国传统稻田养鸭模式进行优化调整、创新与完善，是新的立体型稻田复合生态种养模式，即以水稻有机种植为基础，肉鸭生态散养为主线，通过畜禽粪便养殖蚯蚓，以及蚓粪、鸭粪还田利用，构建"畜禽粪便发酵与配比-蚯蚓养殖-肉鸭养殖-蚓粪、鸭粪收集-水稻种植"有机生态型种养循环互动综合模式，将种养有机结合，并对各个环节关键配套技术进行完善优化。通过设计、推广"稻-鸭-蚓"生态种养模式计划，向洞庭湖区广大种、养殖户推广应用。

二、"稻-鸭-蚓"生态种养模式关键技术

1. "稻-鸭"生态种养关键技术实施步骤

（1）水稻品种选择与种植。适于"稻-鸭"生态种养模式的水稻种植品种应具备根系发达、植株高度适宜、抗病性强等特点，建议推广种植的高产优质的稻米品种主要有湘早籼 31 与 32，中早 39，湘晚籼 12，中嘉早 17，中组 25，盛泰优 018，桃优香占，农香 18、24 与 32，兆优 5455，华润 2 号和晶两优 570 等（王忍等，2007）。为了便于肉鸭在稻间活动，适时移栽、合理密植至关重要。移栽前一次性施足底肥，底肥以畜禽粪便或蚯蚓粪为好，秧龄 25 d 左右，秧苗 4～5 叶时，行株距以 20 cm×23 cm 进行移栽。移栽返青后，稻田需长期保持 1～2 cm 的水层直到乳熟期。稻鸭共生共长

期内，1只鸭子在稻田里排泄的粪便量约 15 kg，并不能完全满足水稻的生长需要，需要适量施用腐熟长效蚯蚓粪有机肥或复合肥，施肥量以稻田土质和水稻生长情况而定。水稻抽穗灌浆或鸭子啄食谷穗之前适时收鸭上市或转移饲养。

（2）鸭品种选择与放养。"稻-鸭-蚓"生态种养系统中，肉鸭放养的品种、规格和密度等因素是影响肉鸭活动觅食、中耕除草、稻米与鸭肉品质，以及市场销售的关键。一般选择体型小、活动量大、生活力强、适应性广、抗逆性较强、长肉快、耐粗放管理的蛋肉兼用型或杂交肉鸭，如浙江、湖南、江西、四川、福建等地的麻鸭、绍兴鸭、江苏高邮鸭、四川建昌鸭、江西红毛鸭等可作为首选品种（甄若宏等，2008）。当雏鸭孵出 20 d，体重约 150 g 时或稻秧移栽 15 d 以上，选择温暖的午后即可放养，放养密度以 20 只/亩为宜。放养后每天早、晚补喂鸭用饲料或碎米，放养半月后，可适当减少补饲，让鸭群在稻田捕食各种昆虫和采食田间幼嫩杂草、浮萍，降低饲养成本。水稻生长中期稻间杂草、飞虫等活食减少，而鸭生长迅速、食量增加，可每天抛撒利用畜禽粪便养殖的蚯蚓，以增加动物蛋白的摄入，保证肉鸭生长营养需求。大的放鸭田块周围需搭建 1～2 个简易棚舍供肉鸭避雨、防晒、补饲和休息。根据肉鸭养殖数量在棚前挖一个深 0.5～0.6 m 的水池，作为肉鸭休息场地。用尼龙网将每块放养田块周边围好，防止肉鸭外逃和天敌入侵，每天细心观察肉鸭群活动、饮食与精神状况。根据稻穗和肉鸭生长情况，适时收鸭销售或转场育肥；也可于上市销售前在已经收割的稻田放养青年肉鸭，并适量补饲蚯蚓，提高鸭肉品质。

2. 畜禽粪便调制配比与蚯蚓养殖

（1）畜禽粪便的调制与配比。鸡、猪、牛粪便量较大，是目前我国畜牧业生产中造成环境污染较为严重的污染物。利用各种畜禽粪便的理化性质及特点，对各种粪便进行合理调制及配比，进行大田蚯蚓生态养殖，对改善农村生态环境、创建生态种养产业和生态农业、发展具有地区特色的循环经济具有极大的示范和推动作用。将畜禽粪便碾碎后使其含水量达到 50%～75%，用塑料薄膜密封后在25 ℃发酵30 d，发酵结束后，掀开塑料膜，阳光下暴晒3 d。腐熟后的鸡（鸭）粪与牛（羊）粪按照2∶8的比例，或猪粪、鸡（鸭）粪、牛（羊）粪按照3∶2∶5的比例，或猪粪、鸡（鸭）粪、羊粪、牛粪按照3∶1∶2∶4的比例配制基料养殖蚯蚓效果较好，蚯蚓取食量大、排粪多、逃逸数量少、适应性较强（成钢，2015）。

（2）蚯蚓养殖。以"大平2号"或"大平3号"蚯蚓为养殖品种，选择土地平整、排水良好的地块，按照上述畜禽粪便的调制与配比方法，将发酵腐熟含水量达到60%～70%的各类畜禽粪便堆垄制作蚓床，蚓床宽90～100 cm、高20 cm，间距大于100～120 cm，种蚯蚓投放密度为每亩100～150 kg，蚓床上铺厚为5～7 cm的稻草，用于保湿、保温和遮蔽光线。养殖50～60 d时，添加粪便基料1次，蚯蚓生长90～100 d时即可收获。

三、"稻-鸭-蚓"生态种养模式潜在效益

针对目前湘北安乡县黄山头镇等地"稻-鸭"种养模式管理粗放，受自然因素影响较大，肉鸭良种繁育体系建设不健全的情况，笔者所在单位联合当地养殖户开展相关研究，以提升品质、转换模式、增加效益为目的，以绿色生态可持续发展为导向，以传统稻鸭共生模式为基础，调整种养结构，对现有模式技术进行创新与拓展，探讨和设计了"稻-鸭-蚓"生态种养模式，拟通过创建绿色优质稻鸭基地，推动地方粮食产业向高质量与品牌化发展。

稻田放养鸭群，在减轻稻田虫、草、病害的同时节省了大量饲料，同时，肉鸭的排泄物为水稻提供优良的有机肥料，保证了水稻生长和产量。蚯蚓体内含6.6%～22.5%的蛋白质和23种氨基酸，营养价值高，是一种优良的动物性蛋白质饲料。利用蚯蚓饲喂肉鸭后，能有效提高动物饲料利用率及摄食量，显著改善肉鸭肉质和风味。"稻-鸭-蚓"生态种养模式省料、省肥、省药、省工，增粮、增肉、增收、增效，可促进当地稻田生态改善、水土保持和环境保护，增加优质稻和生态鸭产品的供给。相信该模式的推广应用，必将在肉鸭健康养殖、无公害有机水稻种植、区域经济发展、提高种

养殖收益方面发挥更大效益。

四、"稻-鸭-蚓"生态种养模式的完善与改进

稻鸭生态种养是近几年发展起来的一种生产无公害、安全、优质稻米和肉鸭的典型模式。本章介绍的"稻-鸭-蚓"生态种养模式是对国内现行稻作农业向多层方向发展的一个重要补充，是现代农牧业有机结合、结构优化和调整战略实施后衍生的新技术与新思路，符合国家农牧业向高产、高效、生态安全方向发展的需要，可有效促进农业转型升级，实现农民增产增收。在传统稻田养鸭的基础上，因地制宜提出的"稻-鸭-蚓"生态种养模式，需结合不同地区的生态环境和生产特色与特点，不断完善技术内容，深入探索研究稻鸭共生条件下的稻田生态规律，完善相应的配套技术措施，如进一步优化与改进鸭粪搭配牛粪、羊粪进行蚯蚓高效生产的工艺、流程及各技术指标。通过对比试验，对饲喂蚯蚓后肉鸭所产肉、蛋的品质等指标进行测定与比较分析，明确饲喂蚯蚓对肉鸭各项生产指标的影响与程度；从放养品种与密度对水稻品质、产量及杂草控制效果相关性研究，以及土质、水质改良及经济效益、生态综合效益方面，对采用"稻-鸭-蚓"生态种养模式的生态功能和效益进行综合评测。通过"稻-鸭-蚓"生态种养模式的不断创新与完善，制订推广实施计划，向洞庭湖区广大种植户、养殖户推广应用。

第六章　丘陵山地鹅生态放养技术与疾病综合防控

——以湘西丘陵山地为例

随着人们生活水平的提高，市场对生态散放养殖鹅的数量与质量要求迅速提高，湘西丘陵山地地偏人稀，农副产品多样，非常适合鹅的生态放养。目前，在养殖过程中主要存在寄生虫病多发、应激反应较大等诸多技术管理问题，养殖成功率低、收益差，农户饲养积极性不高（黄兴，2020）。针对上述问题，以有效利用当地生态环境与可利用资源提高放养商品鹅品质，降低养殖成本为目的，笔者所在健康养殖团队在张家界永定区谢家垭乡龙阳村进行了鹅生态放养相关研究，结合近年来在当地生态放养模式与管理经验，现就湘西丘陵山地适宜立体养殖的鹅品种及特点、模式及收益、鹅养殖过程中的环境控制和饲养管理、鹅养殖常见疾病防控、应激反应及应对措施等关键技术进行介绍，为提高湘西丘陵山地生态鹅养殖的经济效益及国内丘陵山地生态鹅健康养殖模式与技术的推广提供科学依据与可行性参考。

第一节　丘陵山地鹅生态放养技术

一、养殖模式

适合鹅生态养殖的模式较多，不同的养殖模式产生的收益不同（阎春池等，2018；梁久梅，2009；戈阳等，2014；成钢，2019），利用湘西的丘陵山地、草地、田边地角、沟渠、水塘道旁的零星草地或果树、林下草地，以及水稻等收割后的茬地放养鹅是目前最为经济实用的养殖方式，具有节省饲粮、效益高、疾病少、产品绿色无公害等特点。为了有效利用丘陵山地资源、提高放养商品鹅品质，降低养殖成本，可因地制宜，选用"林-草-鹅""林-鹅-沼气""草-鹅-虾"等养殖模式进行养殖，能显著提高养殖收益。丘陵山地的养殖户应根据当地地形地势与海拔选择适宜的鹅品种，一般多选用 40 日龄以上鹅，养殖密度一般为 30～100 只/亩，年收益 1 500～4 000 元。丘陵山地适宜鹅生态养殖模式及收益见表 6-1。

表 6-1　丘陵山地适宜鹅生态养殖模式及收益

养殖模式	适合鹅生态立体养殖的品种	鹅养殖密度 （只/亩）	年增收 （元/亩）
林-草-鹅	灌木林及果树等经济林/黑麦草、苜蓿草	80～100	1 800
林-鹅-鱼	灌木林及果树等经济林/金草鱼	50～60	2 500
草-鹅-虾	黑麦草、苜蓿草/罗氏沼虾	30～40	2 500
林-鹅-沼气	灌木林及果树等经济林	80～100	3 000
草-鹅-鱼-沼气	黑麦草、苜蓿草/金草鱼	40～60	4 500

1. "林-草-鹅"生态养殖模式

（1）模式介绍。"林-草-鹅"生态养殖模式与"果-鸡"生态养殖模式相似，即利用经济林间空地放养肉鹅的一种生态种养模式，林间空地种草，以草养鹅，鹅粪养地，地草养树。该模式在利用肉鹅除草降低养殖成本的同时，鹅粪培肥了地力，提高了经济林生产有机果品的产量和质量，放养的肉鹅生长速度快、品质高，具有投资少、风险小、效益高等特点。

（2）关键技术。该模式涉及池塘与棚舍建设、肉鹅品种选择、日常饲养、放牧管理、圈养育肥、疾病防控、牧草品种选择及播种等一系列技术。

①鹅的生态养殖需人工营造鹅的自然生活栖息环境，利用自然池塘或在鱼塘、水库附近搭建鹅舍，供鹅戏水。鹅棚或鹅舍的建设需因地制宜采用当地竹木材料就地取材搭建，面积以容纳 100～300 只肉鹅为宜。

②优先选用耐粗饲、抗病力强，以及适应本地气候的肉鹅品种，如吉林白鹅、四川白鹅、浙东白鹅、皖西白鹅、豁眼鹅、狮头鹅等。购买大小适中、羽毛柔软蓬松、叫声洪亮、精神饱满、反应敏捷的雏鹅饲养。10 日龄雏鹅每天补喂精饲料 3 次，20 日龄可全天放牧，但仍需补饲 1～2 次，放牧 90～120 日龄体重达到 3.5～4.0 kg 即可上市销售。

③采用放牧—游泳—放牧—休息—放牧的步骤对肉鹅进行放牧饲养管理，饲养密度每亩 30～50 羽，公母比例 1∶5。保证其充足饮食、饮水与休息。放牧多采用大小分群，轮牧管理，傍晚收牧回舍后适当补料。放牧时切忌暴晒雨淋，减少环境引起的应激刺激。

④视牧草生长、鹅采食情况和增重速度酌情补料，在谷物、糠麸中添加 1％骨粉、2％贝壳粉和 0.3％食盐作为补充饲料。做到少量勤添，定时定量，饮水充足。

⑤优先选用低矮、分蘖能力强、可多次刈割、蛋白含量高、根系不发达的牧草或豆科作物在林下种植，如黑麦草、苦荬菜、紫花苜蓿、豌豆、甘蓝、白三叶等牧草，避免与果树争夺养分。一般 3～4 种牧草搭配种植以保证肉鹅的营养供应均衡。一年生牧草通常采用春季撒播，多年生牧草多在秋季条播，行距 20～30 cm。当牧草长到 25～30 cm 时，可选择分片轮牧的方式进行肉鹅放牧。

⑥4 周龄前的仔鹅以采食牧草为主，补料为辅。45 日龄之后的圈养育肥阶段以高蛋白、高能量为主。每天早晚各补饲精饲料 1 次，每次 0.05 kg，母鹅产蛋期补饲精饲料每次 0.1 kg。

⑦生产中肉鹅常发疾病有小鹅瘟、禽霍乱和流行性感冒等，养殖户应对肉鹅的日常活动密切关注，若发现疾病应及时治疗。

（3）存在问题。

①肉鹅与牧草品种不良，生产效率低下。肉鹅品种的选择决定养殖效益，而牧草的品种决定肉鹅的营养。生产中常常存在两者品种选择不当，导致肉鹅饲养周期延长，养殖成本增加的现象。

②饲养技术与管理水平差。养殖户缺乏肉鹅日常放养、放牧补饲、圈养育肥技术。

③补饲不足导致营养缺乏，体质差。生态养鹅一般以饲喂牧草为主，容易导致缺钙和营养缺乏，尤其在仔鹅阶段和育肥阶段肉鹅生长增重快，如补饲不足或次数不够常常导致生长发育不良。养殖期间饲料中应补充矿物质饲料与维生素 D，以促进肉鹅对钙、磷的吸收。

④缺乏疾病防控的理论与实践经验，导致发病率和死亡率高，经济损失大。

⑤对"林-草-鹅"生态种养模式缺乏理解，对该模式各个环节的技术运用掌握不到位等。

2."鹅-鱼"立体养殖模式

(1) 模式介绍。"鹅-鱼"立体养殖模式也称鹅鱼联养，是在鱼塘边修建鹅场，为肉鹅提供活动的水面，鹅粪排放入水中增加浮游生物量，被鱼苗食用。研究表明，一只肉鹅每年的排泄物约为50 kg，采用"鹅-鱼"立体养殖模式：鹅在水面的活动增加了鱼塘氧气供给，促进了浮游生物的大量繁殖；鱼塘中的水藻等水生植物可被肉鹅采食利用，节约了养殖成本。夏季在水面养肉鹅可降低其体温，使其保持良好的精神和食欲，在有效降低肉鹅发病率的同时，改善了水体的养殖条件。同等条件下，采用"鹅-鱼"立体养殖模式可比鹅、鱼单养提高经济收益约30%。

(2) 关键技术。采用"鹅-鱼"立体养殖模式的鹅舍应选择在鱼塘附近建设，以便于肉鹅和鱼的饲养管理。鱼种的选择以人工繁殖的鲢、鳙、草鱼、鲤、鲫、鳜等为主，鲢、鲤、草鱼和鲫可参考2∶6∶3∶4 的比例投放，投放后按常规饲养方式进行混合养殖。选择狮头鹅、浙东白鹅、皖西白鹅、四川白鹅等良种肉鹅品种进行饲养，平均每亩水面放养50～60 只鹅为宜。雏鹅孵育、仔鹅与成年肉鹅按照常规肉鹅养殖标准进行饲养。每次饲喂后，将肉鹅赶下鱼塘让其自由戏水、洗澡、排粪与取食水中水草，下水时间控制在30～60 min。

(3) 存在问题。实施鹅鱼联养，如果在鱼群采食时鹅群下水，鹅在水中嬉闹划水会影响鱼类采食，甚至导致鹅群与鱼群抢食饵料。肉鹅长时间地搅动水面，容易造成池塘水混浊，所以生产中应控制好鹅群下水时机和游泳时间。

3. "虾-草-鹅"生态种养模式

（1）模式介绍。"虾-草-鹅"生态种养模式是 2005 年扬州市高邮市卸甲镇潘阳村罗氏沼虾养殖大户利用冬闲虾塘池底泥中多余氮磷等有机物种植黑麦草养肉鹅探索出的一种高效、生态环保的虾鹅轮养农业新技术。该模式以罗氏沼虾养殖为主，肉鹅生态养殖为辅，实现了虾、草、鹅互利共生、种养结合，有效改善了虾池环境，减少了池底泥中有机质含量与废水的排放，在保证原有罗氏沼虾养殖稳产高产的同时，额外增加了种草养鹅的收益。该模式在 2012 年通过了扬州市农业重点项目的验收，具有一定的先进性、可行性和推广性。

（2）关键技术。该模式涉及罗氏沼虾饲养主要技术、仔鹅秋孵冬养配套技术等。罗氏沼虾每年 3—10 月常规养殖，10 月上旬利用空闲养殖池底泥种植黑麦草，在虾塘边利用黑麦草养殖扬州鹅，养殖时间为 11 月至翌年 3 月。肉鹅在春节前后上市，产生的鹅粪施入虾塘肥塘，促进虾苗生长。

（3）存在问题。该模式涉及种草、养虾和养鹅等生产环节，目前主要存在技术相对复杂、工人劳动强度较大，生产和回报周期长，受自然和市场因素影响较大，养殖户生产与推广积极性不高，政府和相关部门对该模式配套技术研究与支持力度不够，养殖规模偏小，生产经营较为分散等问题。相信随着上述矛盾和问题的逐步解决，"虾-草-鹅"生态种养模式的推广与应用必将为增加农村劳动力就业、促进农民增产增收、改善渔业环境和农村生态环境，以及助推乡村振兴等发挥更大作用。

二、饲养管理

1. 品种选择 适合丘陵山地进行生态养殖的鹅品种较多，其中，豁眼鹅、道州灰鹅、狮头鹅、四川白鹅、闽北白鹅、钢鹅等是常见的优质品种（王阳等，2017）。不同品种的鹅生产性能与饲养管理均有所不同，选用适应性强、耐粗饲、抗病力强的品种进行放养可显著提高养殖成功率和养殖收益。适宜丘陵山地生态散养的鹅品种及特点参见表6-2。

表6-2 适宜丘陵山地生态散养的鹅品种及特点

品种	产地	生产性能	体型	平均成年体重（kg）	平均年产蛋数（个）	平均蛋重（g）
豁眼鹅	山东省烟台市	产蛋率高、耐粗饲、生长速度快、蛋绒兼用	小型	公鹅4.4，母鹅3.6	137	135
道州灰鹅	湖南省道县	抗病力强、耐粗饲、生长迅速、肉用	中型	公鹅5.2，母鹅4.3	40	172
狮头鹅	广东省潮州市	生长迅速、极耐粗饲、肌肉丰厚、肉质优良	大型	公鹅14.3，母鹅11.6	30	203
四川白鹅	四川省	适应性强、蛋绒兼用	中型	公鹅5.2，母鹅4.5	80	136
钢鹅	四川省西昌市	抗病力强、适应性好、耐粗饲、生长快，肥肝、肉、油兼用	中型	公鹅5，母鹅4.5	42	173
闽北白鹅	福建省闽北南平市	耐粗饲、抗病力强、产肉率高	中型	公鹅8.5，母鹅7.5	35	136
皖西白鹅	安徽省六安市	生长快、耐粗饲、肉绒兼用	中型	公鹅6.8，母鹅5.5	25	150
酃县白鹅	湖南省炎陵县	抗病力强、肉蛋兼用	小型	公鹅5.0，母鹅4.5	46	154

2. 鹅场选址及鹅舍建设 科学选择鹅场址是防治传染病的基础。场址选择应远离村镇、公路，选择地势高、水源充足、排水良好、透光和通气性良好、林荫稀疏、阳光充足、电源有保障的地方建场。鹅舍建材可因地制宜优先选用当地的竹木结构，根据用途分为雏鹅舍、育肥舍和种鹅舍。鹅虽然喜水，但是并不喜欢潮湿的环境。因此，鹅舍一般以高床设计，要求冬暖夏凉、光照充足、通风良好、干燥防潮、经济耐用。鹅舍每平方米的饲养密度：1～7日龄15～20只，8～14日龄10～15只，15～21日龄10只，22～30日龄6只，条件好的可以适当加大饲养密度。鹅舍内外可放置一定

数量的补料槽、饮水器及产蛋窝。

3. 环境控制及饲养管理

（1）温度和湿度控制。育雏期鹅舍内适宜的温度和湿度环境，对雏鹅健康快速生长尤为重要。1 周龄鹅舍内的温度应维持在 28～30 ℃，以后每 5 d 降低 2 ℃，在 20 日龄后维持 18～20 ℃即可。湘西丘陵山地生态鹅养殖过程中的饲养管理见表 6-3。

表 6-3 湘西丘陵山地生态鹅养殖过程中的饲养管理

周龄	温度（℃）	相对湿度（%）	消毒周期（d）	常用消毒剂	补喂次数（d）	常用饲料
1	28～30	60～65	5～7	新洁尔灭、来苏儿	5～6	全价饲料
2	24～26	55～60	5～7	新洁尔灭、来苏儿	4～5	全价饲料
3	20～22	55～60	5～7	新洁尔灭、来苏儿	4	配合饲料和青绿饲料的混合饲料
4	18～20	50～70	5～7	新洁尔灭、来苏儿	2	配合饲料和青绿饲料的混合饲料
5～8	18～20	50～70	5～7	新洁尔灭、来苏儿	2	玉米＋配合饲料＋青绿饲料的混合饲料
8～10	18～20	50～70	7～10	氢氧化钠溶液、高锰酸钾	2	玉米＋配合饲料＋青绿饲料的混合饲料
>10	18～20	50～70	10～15	甲醛、福尔马林	2	玉米＋配合饲料＋青绿饲料的混合饲料

（2）鹅舍光照控制。雏鹅对光刺激较为敏感，1 周龄前要保持全天光照，晚上喂料时使用灯光照明，2 周龄以后雏鹅每天光照 22 h，此后每周减少 2～3 h 的光照时间，4 周龄后维持自然光照即可。

（3）鹅舍与鹅场的消毒。应定期对鹅舍、场地、用具和饮水等进行消毒，消毒周期与消毒剂的选用随鹅周龄的不同而不同。当发生传染病时，应确诊病原后选用敏感的消毒剂每天消毒 1～2 次。

（4）日常饲养管理。雏鹅孵出后宜先饮水后开食，补喂含有 5%多维葡萄糖（电解多维更好）的温开水，可有效预防肠道疾病。开食后 1 周龄内的雏鹅以全价饲料为主，适当拌喂嫩青绿饲料以提高成活率，每天宜饲喂 5～6 次，2 周龄后每天饲喂 4～5 次。雏鹅 10 日龄后，如果天气适宜，可适当放牧。随日龄增长适当延长放牧时间，阴雨天停止放牧；4 周龄的中鹅以放牧为主，5～8 周龄是鹅生长最快的阶段，此时宜人工补饲每天 1～2 次，夏秋季少喂，春冬季多喂，饲料品种应多样化，含能量高的饲料所占比例不宜过大。70 日龄以后，除了留作种用的鹅外，其他健康无病、发育良好的则进入育肥阶段，育肥时间一般为 15～30 d。鹅上市前 1～2 个月可适当补饲玉米或稻谷及青绿饲料，提高鹅肉的品质与风味。生态鹅养殖要进行公母、大小、强弱分群饲养，注意养殖密度的同时还应加强日常疾病的防控。

第二节　丘陵山地鹅生态放养疾病综合防控

一、湘西丘陵山地生态鹅发病因素

1. 地理与气候　湘西气候温暖潮湿，给细菌生长提供了舒适的环境，若养殖管理不当、消毒措施不到位，易引起细菌性疾病。此外，丘陵山地昆虫种类众多，飞虫鸟兽粪便中往往携带寄生虫卵，鹅在放养采食时容易误食虫卵，造成寄生虫感染。

2. 饲养管理　湘西地区养鹅多以放养为主，养殖户缺乏系统的肉鹅养殖专业知识，在饲料配制方面不能按照鹅各阶段的营养需求进行调制搭配，常常将猪饲料当作鹅饲料，造成鹅生长缓慢，机体免疫力不足，极易受到传染病的威胁。养殖人员以农民为主，专业知识不足，仅凭经验或模仿进行养殖，管理粗放，鹅病防治不到位，规模化养殖基地较少，养殖区域脏、乱、差，消毒不严；鹅粪处理不规范，造成鹅的免疫力和生产性能下降。此外，养殖户一般不进行肉鹅的疫苗免疫接种，为鹅病的传播埋下了隐患。

二、湘西丘陵山地生态鹅放养常见疾病防治

鹅生态养殖过程中易发生的疾病主要分为病毒性疾病、细菌性

疾病和寄生虫性疾病三类，小鹅瘟、鹅流感、副黏病毒病是常见病毒性疾病，大肠杆菌病、禽霍乱、禽伤寒是常见细菌性疾病，蛔虫病、绦虫病、球虫病是常见的危害肉鹅养殖的寄生虫性疾病，四季均有发生。养殖户大都采用鸡鸭鹅混养模式，易导致疾病交叉感染。了解各类疾病的症状、感染与传播途径、流行特点及剖检症状，对诊断、确诊及治疗非常重要（廖金凤，2019；金岩等，2019；崔京腾，2018；贺超，2019；王全鹏，2013）。湘西丘陵山地生态鹅放养常见疾病防控详见表6-4。

表6-4　湘西丘陵山地生态鹅放养常见疾病防控

属性	疾病	病原	易感周龄	主要传染途径	流行特点	临床表现	剖检症状	预防及治疗
病毒性疾病	小鹅瘟	细小病毒	<3	消化道、呼吸道	四季均发，北方夏秋多发，南方春夏多发	腹泻，呼吸困难，神经症状	肾肿大，法氏囊质地坚硬，小肠中后段肠壁变薄	疫苗预防、卵黄抗体或高免血清治疗
	副黏病毒病	副黏病毒	各周龄均可感染	消化道、呼吸道	四季均发，春夏多发	产蛋量下降，精神萎靡，排黄白色稀粪	肝脾肿大，盲肠、扁桃体肿大，腺胃和肌胃黏膜充血	灭活苗（Ⅰ号和Ⅱ号）预防，无特效药
	鹅流感	禽流感病毒	各周龄均可感染	水平、垂直传播	四季均发，冬春多发	眼结膜充血、出血，呼吸困难，下痢，神经症状	脾肿大，腺胃、肌胃角质膜下出血水肿	疫苗预防，高免血清或高免蛋黄液治疗
细菌性疾病	禽霍乱	巴氏杆菌	<4	消化道、呼吸道	四季均发，春秋多发	腹泻，食欲不振，精神萎靡，呼吸困难	肝呈针尖状坏死点，肠黏膜充血、出血、卡他性炎症	疫苗预防，磺胺类和喹诺酮类药物治疗

（续）

属性	疾病	病原	易感周龄	主要传染途径	流行特点	临床表现	剖检症状	预防及治疗
细菌性疾病	大肠杆菌病	致病性大肠杆菌	<2	消化道、呼吸道	四季均发，冬夏多发	结膜发炎，腹泻、粪便糊肛，神经症状，阴茎红肿、溃疡或结节	结膜充血、出血，肝出血、肿大，肠黏膜充血	疫苗预防，磺胺类、丁胺卡那霉素治疗
	副伤寒	沙门菌	<4	水平、垂直传播	春冬两季多发	呼吸困难，食欲减退，饮水增加，排稀粪糊肛，结膜发炎	肝出血、肿大、气囊纤维化，盲肠栓塞，肠黏膜充血、出血	磺胺类药物，阿米卡星、地塞米松治疗
寄生虫病	绦虫病	绦虫	8~13	消化道	夏秋季节多发	消瘦贫血，排稀粪，粪带绦虫节片，神经症状	肠阻塞、扭转、破裂，肠黏膜发炎、出血	硫双二氯酚、吡喹酮、丙硫苯咪唑等治疗
	蛔虫病	线虫	8~17	消化道	高温多雨季节易感	消瘦，啄食异物，便秘和腹泻交替发生	肠出血或破裂，腹膜炎	左旋咪唑、伊维菌素、阿维菌素等治疗
	球虫病	球虫	3~13	消化道	温暖潮湿季节易感	摇头，口流白沫，伏地，颈下垂，排血样粪便	肠黏膜出血、糜烂；肾出血、肿大，有坏死灶	氨丙啉、磺胺类药物、地克珠利等治疗
	裂口线虫病	线虫	5~9	消化道	夏秋高温潮湿季节均易感	食欲减退，消瘦贫血，腹泻，严重时衰竭死亡	肌胃角质层坏死，黏膜溃疡	阿苯达唑（驱虫净）、四氯化碳、左旋咪唑等治疗

三、常见应激反应及对策

鹅因各种应激刺激常引发应激综合征，导致生长发育受阻、消瘦、产蛋量与免疫力下降，免疫接种、饲料更换、季节变化、疾病等因素是丘陵山地鹅生态放养过程中主要的应激源。为减少鹅养殖过程中一切应激因素，避免产生应激反应导致疾病甚至死亡（董霞，2019；杨璐等，2014），当鹅对应激刺激产生如喘气、腹泻、消瘦、啄癖、猝死等应激反应，应及时根据临床表现采取积极的应对措施进行施救。常见应激因素及应对措施详见表6-5。

表6-5　常见应激因素及应对措施

应激因素	主要表现	应对措施
免疫接种	体温升高，心跳加快，身体颤抖，气喘，食量下降，呕吐，站立不稳，甚至死亡	晚间接种，严格控制免疫剂量，规范操作，注射肾上腺素、地塞米松等
饲料应激	发育迟缓，精神萎靡，中毒死亡	合理搭配饲粮，饲喂定时定量并严格检查饲料品质
环境应激	消瘦，气喘，换羽，震颤，腹泻，死亡	饲料中添加适量碳酸氢钠、钙磷、清热解毒中草药等，加强通风
动物应激	惊恐，产蛋量下降，软壳蛋增多，腹膜炎，死亡	饮服多维，饲料中拌喂0.2%延胡索酸和0.1%琥珀酸盐
疾病应激	感染细菌、病毒、寄生虫引起的病理性反应	接种疫苗，饲料中拌入或注射磺胺类、吡喹酮、丙硫苯咪唑等药物，定期更换垫料
其他应激	饲养密度大，寄生虫病，维生素和矿物质缺乏等引起的啄羽、啄趾、啄肛、啄蛋等	降低养殖密度，定期添加维生素和矿物质

针对鹅养殖中的应激反应问题：首先，保证合理的饲养密度，做好鹅舍清洁工作，保持良好的光线和通风；其次，确保饲料营养均衡，注意补充维生素、矿物质，建议在饮水中加入多维，在饲料中添加维生素C、维生素E和黄芪多糖，增强鹅的体质和抗病力，有效降低应激刺激。以上措施能够大幅降低鹅因应激因素引发的死

亡率。

　　利用丘陵山地选择适合的养殖模式与鹅品种进行生态高效放养是农民增收致富的有效途径。对生态养殖过程中的环境控制和高效管理，以及疾病防控是养殖成败的关键。目前，生态鹅养殖越来越受到消费者的认可和欢迎，利用现有资源提高散养生态鹅品质，降低养殖成本，是现阶段鹅养殖过程中面临的现实问题。

第七章 丘陵坡地油茶林下生态
种养模式研究与实践

——以常德鼎城区丁家港为例

　　油茶（Camellia oleifera），为世界四大木本油料植物之一，主要在我国湖南、湖北、广东、广西、江西、福建等省份种植，是我国重要的特色木本油料树种和重要的经济林资源，在南方省份的农村经济中占有重要地位。近年来，国家相继出台了一系列扶持油茶产业的政策措施，利用林地大规模集约化发展油茶产业，可极大地提高广大农户的积极性。然而，当前油茶种植普遍存在前期投入大，产出低，丘陵坡地保水性差，土质贫瘠，坐果率和收益较低，树间土地利用率低，油茶种植土地资源管理低效，水土流失较为严重等现实问题。有效利用丘陵坡地茶林间隙建立初栽到丰产的田间综合管理模式发展林下循环经济已成为当前油茶产业发展中急需解决的关键问题。

　　为了探索科学合理、地方农户乐于接受、有助于保证地方农户利益的油茶种植推广模式，提高油茶种植效率与收益，笔者以湖南应用技术学院农林科技学院丘陵坡地的千亩油茶林为试验基地，通过油茶林下利用牛粪、羊粪养殖蚯蚓和土鸡，探索与实践了一种"茶-蚓-禽"种养结合的生态模式。结果表明，利用丘陵坡地林地间隙，通过"茶-蚓-禽"生态种养模式的探索与实践，改善了茶林土质，培肥了地力，增强了茶树长势，提高了坐果率。通过蚯蚓与土鸡养殖，拓展牛羊粪养殖蚯蚓种养生态链，增加了农户林下立体综合收益，取得了较好效果，值得借鉴并大力推广。本章对丘陵坡地油茶林下间隙养殖蚯蚓的技术参数和实际效果进行介绍，旨在实施生态立体种养，利用丘陵坡地资源发展林下经济，提高综合效益。

一、试验基地内油茶种植概况

试验基地位于湖南省常德市鼎城区丁家港，茶林面积约 2 900 亩，最高海拔约 500 m，坡度约为 26°，属典型的低山丘陵地貌。土壤多为红壤，部分地块风化岩和砾石较多。气候属大陆性亚热带季风气候，四季较为分明，日照充足，雨量充沛，夏季最高气温约 39 ℃，冬季最低气温约−5 ℃。油茶种植品种主要有湘林 210、湘林 35、铁城 1 号、华硕、华金、华鑫等，亩种植 110 株，株行距 2 m×3 m，株高 70～140 cm，林下植被以低矮杂草为主。前期在茶树苗购买、土地租用、人工等方面投入较大，虽然近年来油茶坐果率逐年上升，但由于丘陵坡地保水性差，土质较为贫瘠，坐果率和收益较低。

二、丘陵坡地油茶林下养殖蚯蚓技术

1. 蚯蚓养殖地块选择　油茶林下露天养殖蚯蚓一般选择交通方便、水源充足、地表平整、排水良好、土质松软、油茶株高较低、间距较大、土层较厚、保水性较好的坡地梯田，前期养殖面积以 0.5 亩为宜，根据实际效益可逐渐扩大规模。蚯蚓养殖前应平整土地，拔除杂草，养殖地块周围需架设塑料网或铁质围栏，高度 3 m。对于偏远地块可预埋输水管道，水管直径不少于 4 cm，便于喷淋等人工操作。

2. 具体养殖方法　首先将选择好的土地整平、镇压，用发酵 15～30 d 的牛粪或羊粪基料在茶林间隙堆垄铺制蚓床，蚓床宽度（垄宽）≤1 m、高度 20 cm，长度根据茶林面积具体情况决定。蚓床间距应大于 100 cm，以便于林下人工操作。蚓床与油茶树间距 100 cm 以上。蚓床铺制完毕后，给蚓床浇透水，待基料相对湿度达到 60%～70% 时就可以下种。蚯蚓品种宜选用"大平 2 号"或"大平 3 号"，养殖投放密度以每亩 100～150 kg 为宜，蚓床上铺一层厚 5～7cm 的稻草，起保湿、保温、遮光的作用。下种后 1 个月左右用钉耙深翻蚓床 1 次，蚯蚓 60 d 左右性成熟，20～28 ℃时蚓茧 15～20 d 孵化，养殖过程中需及时加料和保湿，防止蚯蚓逃逸和死亡。一般蚯蚓养殖 50～60 d 时，添加牛粪或羊粪基料 1 次。油茶林下露天养殖蚯蚓年每亩消耗牛粪或羊粪 45～50 t，年产鲜蚯蚓 200～250 kg，年产蚓粪 20 t，蚯蚓生长到 90～100 d 时即可进行收获。

3. 四季管理技术　低山丘陵地区，空旷高燥，夏天高温高湿，冬季多风寒冷。丘陵坡地茶林下蚯蚓的生长旺季在春季和秋季气温 10～28 ℃时，低温或高温都会对其生长造成严重影响。油茶林下露天养殖蚯蚓：夏季应着重关注缺水和高温问题，可通过定期喷淋蚓床和覆盖稻草来解决；冬季可适当增加蚓床高度或覆盖稻草厚度，也可架设简易塑料棚来提高蚓床温度。深秋季节采摘茶果前，可进行一次鲜蚓收获或土鸡采食，以避免蚓床中蚯蚓较多而将其踩伤。

4. 蚓粪收获与处理　林下蚯蚓养殖至 180 d 时，在蚓床一侧铺设宽 1 m 的塑料膜，用钉耙将蚓床上层 30 cm 厚的基料耙到塑料膜上，蚓床下层的基料为蚓粪，可就地施用到附近茶林中，也可定点堆放集中处理。茶林施用蚓粪后可进行浇灌，以充分利用蚓粪中的微生物和酶类改善土质，增加土壤肥力。

三、"茶-蚓-禽"生态种养模式初探与效果

循环、可持续发展及效益最大化理念是我国发展与构建种养互动有机生态循环经济模式的核心内容。"茶-蚓-禽"是以油茶经济林种植为基础，以林下间隙土地利用为抓手，以牛粪或羊粪养殖蚯蚓，以蚯蚓饲喂散养土鸡为手段，以蚓粪、禽粪改良与培肥林下土壤增加产量为目的构建的种养互动的有机生态型经济模式。土鸡散养密度 60 只/亩，蚯蚓生长到 90～100 d 时，将养殖地块用塑料围栏分割成 3～5 块，每次打开一块围栏，把土鸡放入任其自由采食，土鸡通过刨、啄、翻等动作采食基料中的大部分蚯蚓，将蚓茧留在基料中，采食 2～3 d 后，将土鸡放入另外一个围栏采食，采用

"轮放"的方式依次进行。每采食完一个地块，用钉耙把土鸡刨散的基料耙回蚓床中，蚓床中的蚓茧通过土鸡自然松土通风后大量孵化，生长到 90～100 d 时，又可进行轮放采食。通过以上方式利用丘陵坡地油茶林地间隙露天养殖蚯蚓与散养土鸡，大大减少了蚯蚓收获及蚓粪处理耗费的人工，基料中的蚓茧孵化率和幼蚓成活率大幅度提高；土鸡通过吃蚯蚓，补充了动物性蛋白饲料，鸡肉品质和风味有所改善；改善了茶林土壤有机质含量和疏松度，间接促进了油茶林的生长。通过"茶-蚓-禽"种养结合探索与实践，初步构建了一种从油茶初栽到丰产的新型田间综合管理生态模式。从实际应用效果看，该模式极具科学性与可行性，对构建丘陵坡地良性循环种养生态系统，提高油茶经济林种植附加值，实现种植、养殖效益及环境效益和谐共赢具有重要意义。

　　"茶-蚓-禽"生态种养模式，不仅解决了羊粪处理、蚯蚓对遮阳降温的需求，而且提供了充足的蚓粪，解决了油茶对水、肥的需求，减少了对化肥的使用量，增加了农户林下立体综合收益，取得了较好效果，适合在广大低山丘陵地区茶林大力推广。运用该模式时，应注意以下几点：林下蚯蚓养殖所需牛粪和羊粪较多，为了节约运输费用，可把肉羊养殖场建在油茶林附近，还可使用猪粪按比例混合搭配养殖；为油茶林喷洒农药时，应尽可能选用低毒低残留的农药，以防止农药残留随雨水进入土壤，对养殖的蚯蚓造成毒害；丘陵坡地土质较为贫瘠，所需有机肥较多，根据林下养殖蚯蚓和土鸡实际效益适时扩大养殖规模，以取得更大的综合效益。

第八章 肉兔生态健康养殖模式与效益

——以"林下草-兔"模式为例

《本草纲目》记载，兔肉性寒味甘，具有补中益气、止渴健脾、凉血解热之功效，是世界公认的高蛋白、低脂肪、低热量食品。我国养兔历史悠久，饲草资源丰富，发展适度规模的肉兔养殖具有投资少、周期短、见效快、收益高、技能简单的优势，易形成集约化和规模化，农户利用空闲场地、闲置房屋改建兔舍养殖肉兔，已成为近年来农户增收致富的有效途径。随着国家农业结构调整与产业化经营战略决策的出台，大力发展节粮型肉兔养殖具有广阔的前景和发展空间。

一、肉兔养殖面临问题与未来发展趋向

1. 肉兔养殖面临问题 国内肉兔养殖主要分布在河北、河南、山西、山东、安徽、江苏、福建、浙江、四川、重庆等地，长期以来一直属于粗放的数量增长型模式。养殖户养殖肉兔时管理粗放，养殖水平较低，难以形成规模化和产业化。目前，我国肉兔养殖主要存在养殖区域分散、规模小、组织化程度低、品种退化、养殖收益与消费者认可度较低，养殖户养殖肉兔的积极性不高等问题。

2. 肉兔养殖未来发展趋势 为调整农业产业结构，促进农区草牧业发展，农业部出台了《全国草食畜牧业发展规划（2016—2020 年）》，对发展节粮型食草动物予以大力扶持，为肉兔养殖带来了新的契机。我国多数地区种植业发达、秸秆与饲草资源丰富，肉兔养殖已成为农民增收的新途径。随着国民消费观念的转变以及

畜牧业向现代化发展，肉兔生产规模化、产业化、质量化、区域化和多元化已成为发展的必然趋势。

二、"林下草-兔"生态种养助推乡村振兴

1. 肉兔养殖品种与模式

（1）选择优良种兔。优良种兔的选择是决定养殖经济效益的关键。我国目前饲养的主要肉兔品种包括丹麦白兔、新西兰兔、比利时兔、加利福尼亚兔、日本大耳白兔、法国伊拉兔与青紫蓝兔等国外引进的品种，以及哈尔滨大白兔、塞北兔、虎皮黄兔、四川白兔、安阳灰兔、豫丰黄兔、福建黄兔等国内优良品种。上述品种均具有生长发育快、环境适应性强、繁育性能好、屠宰产肉率高等特点，可产生较高的经济效益。

（2）养殖模式。利用闲置房舍进行肉兔庭院养殖的模式在国内普遍存在。该模式饲养效率和养殖收益较低，养殖风险较高。培养和发展肉兔养殖基地，引导和发展"公司＋农户"或"公司＋基地＋农户"的产业化养殖模式，实行"统一供种、统一供料、统一防疫、统一技术、统一营销、统一服务"，可解决农户养殖肉兔后价格低、销售难等难题。积极支持成立兔业合作社和兔业协会，设计、推广适应当地气候、生态环境条件的模式，如利用经济林下种草养兔的肉兔生态健康养殖配套技术与模式，分别从圈舍布局规划、种兔引进、牧草选择与种植、日粮配方调制、杂交繁育、疫病防控与环境净化等方面进行精细化运营与管理，利用当地生态资源优势及产品品牌优势实行一体化经营，形成稳固利益共同体，可有效提高肉兔生产综合效益。

2. "林下草-兔"生态种养经济效益分析

"林下草-兔"生态种养模式是利用柑橘、苹果、香梨等经济林下空余田地种植牧草，牧草刈割后饲养肉兔的一种生态种养模式。该技术操作流程较为简单，已被国内部分地区推广采用。采用"林下草-兔"生态种养模式的经济效益分析如下：购买5母1公的种兔市场价格约1 200元，一年可提供250只商品兔，利用闲置屋舍和砖木材料新建圈舍

按 150 元/m^2 计算，成本需要约 2 000 元且可多年使用，购买牧草种子与种植、刈割、运输人工成本约 1 000 元/年，250 只商品兔防疫费用约 500 元，养殖成本合计 4 500~5 000 元，商品兔按 2~2.5 kg/只计算，收购价为 14~16 元/kg，则肉兔销售收入 8 000~9 000 元，减去养殖成本后净收益为 3 000~4 000 元。如养殖 50 只母兔，每年可获利 3 万~4 万元。采用"林下草-兔"生态种养模式，资金周转快，兔粪回收还田，可减少果树肥料使用，如经济林下空余田地种植大豆等经济作物，在培肥地力的同时，秸秆也是肉兔的优质饲料，通过回收田间大豆秸秆作为冬天肉兔草料可进一步降低养殖成本。采用"林下草-兔"生态种养模式，肉兔只饲喂草料，商品育肥兔一般不补饲精饲料，兔肉品质和风味较好，市场竞争力较强。推广"林下草-兔"生态种养，结合"公司＋基地＋农户"的产业化运营模式，建立肉兔养殖基地和养兔专业合作社，将为肉兔区域化高效生态健康养殖提供可行性参考。

三、中小规模兔场粪污利用现状及对策

1. 中小规模兔场粪污利用现状　节能减排实现养殖排泄物的零排放及综合利用是建立节约型小康社会的前提，是国家"十四五"时期实现碳达峰、碳中和目标、推动经济社会绿色低碳转型发展的有益举措，已成为当前农村畜禽养殖业实现可持续发展的主题。近年来，随着国家建设美丽乡村和畜禽养殖业粪尿排放与治理相关政策的出台，国内多数养殖场着手利用多种技术和途径对养殖业粪污进行减量减排与资源化利用。目前，兔粪由于产量少、分布分散等原因多年来一直未受到足够重视。我国南方地区水草丰茂，北方地区秸秆资源丰富，近年来随着养殖业的快速发展，肉兔存栏量逐年增加，产生的粪尿污染日益严重。肉兔排泄物成分较复杂，除含有多种营养元素外还含有较多病原微生物和寄生虫卵。由于目前兔粪利用技术有限，堆肥腐熟发酵仍然是我国中小规模兔场今后长时期内处理肉兔粪尿常用和主要的方法。与其他畜禽粪便类似，兔粪主要存在堆肥腐熟时间长、效率低下、有害气体释放多、营养

元素流失损耗严重等问题。随着国内养兔业的兴起，兔粪资源化利用潜力巨大，不同规模养殖场根据现有条件与自身资源可采用不同的利用方式，探索与构建适合当地兔粪资源化利用的模式，对指导和解决当前及今后我国兔粪资源立体综合利用具有重要的示范与现实意义。

2. 中小规模兔场粪污利用方式与对策

（1）兔粪发酵堆肥。研究表明，成年家兔每年每只产鲜粪约100 kg，产干粪约35kg。鲜兔粪中含粗蛋白质9.2%～18.4%、粗脂肪1.7%～4.0%，无氮浸出物约16.8%，粗纤维约47.2%，还含有泛酸、烟酸、维生素B_{12}等。鲜兔粪中碳氮比可达25：10，有机质含量略高于猪粪和牛粪，是一种价值较高的可利用资源。兔粪夏天堆肥腐熟时间约7 d，比鸡粪、猪粪、牛粪所需时间少，高温环境中堆体只需3～4 d即可达到较高温度。其他季节，兔粪发酵维持的高温期可持续5 d以上。对兔粪及时清扫收集、添加EM菌剂混匀后堆垛或打条，覆盖塑料膜堆肥发酵可提高兔粪发酵堆肥效率，杀死粪中有害病原微生物和寄生虫卵。

（2）兔粪养殖蚯蚓。利用纯兔粪或搭配其他畜禽粪便养殖蚯蚓具有周期短、见效快等优点，既能提供动物蛋白质又能达到处理粪便的目的。采用发酵腐熟后的纯兔粪或猪粪与兔粪比6：4或牛粪与兔粪比4：6配制基料养殖的蚯蚓采食量大、活力强、繁殖快、逃逸少，非常适合中小规模肉兔养殖场。在养殖过程中，露天养殖应选择地面整平、排水良好的地块，将经过腐熟发酵后的兔粪建粪垄打条堆，堆床宽为80～100 cm，高为15～20 cm，间距为100～120 cm，基料相对湿度达到60%左右时，以"大平2号"或"大平3号"作为种蚯蚓，下种密度为80～100 kg/亩，25～30 ℃条件下，蚓茧15 d左右孵化，60 d左右成熟，生长旺季为春、秋两季，视蚯蚓吃食与活动状况适时加料与定期采收，在条堆上铺10 cm左右厚的稻草，起到保湿、挡光、隔热的作用。兔粪蚯蚓养殖可参考本书第七章丘陵坡地油茶林下蚯蚓养殖技术。利用兔粪进行蚯蚓养殖拓宽了兔粪资源化利用的深度和广度，对构建种养结合立体养殖模式和改善当地生态环境、创建生态种养产业、发展具有地域特色的循环经济具有示范作用。

（3）兔粪制沼。修建沼气池，利用兔粪制沼是中小规模兔场综合利用粪污的良好形式，不但解决了环境污染问题，而且可以利用沼气照明、做饭，节约电费开支。沼液及沼渣是各种绿色无公害有机蔬菜或牧草的天然肥料，在此基础上构建"兔-沼-蔬"生态种养模式，对构建良性循环种养生态系统，实现养殖效益及环境效益和谐共赢具有重要意义。目前，采用兔粪制沼工艺主要存在发酵原料单一，沼气产量不高，沼液、沼渣处理增加人工成本，养殖场（户）缺乏积极性等问题，导致兔粪制沼综合利用水平整体较低。

四、一种可拆卸式兔测温与注射防疫保定架研制与应用

兔舍主要向全封闭式、标准化的方向发展，针对兔养殖过程中各类疾病多发，以及抓兔测温、注射等防疫操作劳动强度大等特点，笔者设计制造了一种经济适用、移动式、可升降、轻便的兔测温与注射防疫保定架。通过生产实际使用，该保定架既确实有效地减少了工人操作时的体力消耗，保证了各年龄段兔测温与注射防疫等操作的顺利进行，又有效防止了兔子挣扎乱动造成的不必要的误伤，减少了机械和应激死亡的风险，收到了良好的效果，深受养殖企业和养殖户的认可与好评。现将可拆卸式兔子测温与注射防疫保定架的具体设计制作及操作方法做一介绍，为广大肉兔养殖户实施测温与注射等日常保定操作提供可行性参考。

1. 设计方案与结构说明　可拆卸式兔测温与注射防疫保定架见图 8-1 和图 8-2。升降平台为剪叉式。

前侧板与底板之间可拆卸连接的设置，方便对保定槽内进行卫生清扫；前侧板与底板之间可拆卸连接的设置，以及底板上多个圆孔的设置，方便调节前侧板与后侧板之间的间距，适用于对不同大小的兔进行保定；升降平台的设置，通过升降平台来调节木质保定槽的高度，适用于不同身高的工作人员操作。

如图 8-1 至图 8-5 所示，可拆卸式兔测温与注射防疫保定架

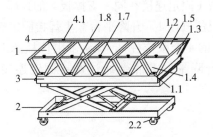

图 8-1　可拆卸式兔测温与注射防疫保定架整体结构示意

1. 木质保定槽　1.1 底板　1.2 左侧板　1.3 右侧板　1.4 前侧板　1.5 后侧板
1.7 固定螺栓　1.8 内螺纹嵌套　2. 升降平台　2.1 限位柱（图 8-5）　2.2 带刹滚轮
3. 支撑板　4. 放置板　4.1 放置槽

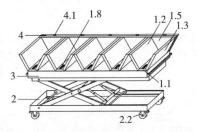

图 8-2　卸掉前侧板后的可拆卸式兔测温与注射防疫保定架整体结构示意

包括多个用于将兔进行保定的木质保定槽 1、用于支撑起多个木质
保定槽的升降平台 2，保定槽包括底板 1.1、左侧板 1.2、右侧板
1.3、前侧板 1.4、后侧板 1.5，左侧板 1.2 向左上方倾斜，右侧板
1.3 向右上方倾斜，左侧板 1.2 向下的延长线与右侧板 1.3 向下的
延长线在底板 1.1 下方相交且呈 V 形，前侧板 1.4、后侧板 1.5 均
垂直于底板 1.1 设置，左侧板 1.2 与底板 1.1 的左侧通过螺栓固定
连接，右侧板 1.3 与底板 1.1 的右侧通过螺栓固定连接，后侧板
1.5 与左侧板 1.2、右侧板 1.3、底板 1.1 的后侧均通过螺栓固定
连接，前侧板 1.4 与底板 1.1 之间有可拆卸连接，前侧板 1.4 上开
设有一个通孔 1.6，通孔 1.6 中从上至下插有一根固定螺栓 1.7，
底板 1.1 上开设有多个用于调节前侧板 1.4 与后侧板 1.5 之间间距
的圆孔，圆孔中嵌设有与螺栓大小相适应配合的内螺纹嵌套 1.8；

多个木质保定槽 1 固定连接在同一支撑板 3 的顶部，支撑板 3 的底部开设有 4 个限位槽 3.1，升降平台 2 上焊接固定有与 4 个限位槽 3.1 相适应配合的 4 个限位柱 2.1，4 个限位柱 2.1 卡设在 4 个限位槽 3.1 中，升降平台 2 底部通过螺栓固定连接有 4 个带刹滚轮 2.2。

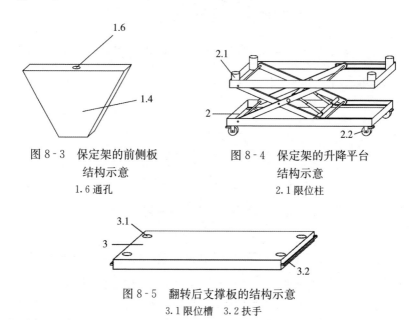

图 8-3　保定架的前侧板
结构示意
1.6 通孔

图 8-4　保定架的升降平台
结构示意
2.1 限位柱

图 8-5　翻转后支撑板的结构示意
3.1 限位槽　3.2 扶手

在后侧板 1.5 的后侧还固定连接有放置板 4，放置板 4 上开设有用于放置温度计的放置槽 4.1。支撑板 3 的左、右两侧均通过螺栓固定连接有用于方便将支撑板 3 抬起的扶手 3.2。升降平台 2 为剪叉式升降平台。

调节升降平台的高度，使其高度适合工作人员进行操作。调节前侧板与后侧板之间的间距，使木质保定槽的大小适合于需要保定的兔大小。

2. 操作与使用方法　　使用该保定架进行测温与注射等防疫操作时，可将兔放入木质保定槽中进行保定。对兔耳部进行注射时，兔自然站立，左侧板、右侧板的设置，使得兔的身体被卡在上宽下窄的保定槽中而不能活动，无须对兔进行捆绑，减少了人员的保定操作，方便进行耳静脉注射。对兔实施测温操作时，先把兔放入小方格中，用右手抓取兔两个耳朵的同时顺便抓住颈部皮肤提起兔身体，用左手手指托住兔臀部的同时用手指卡住臀部两侧，左右两手协同用力使兔上下翻转身体，身体仰面躺卧在测温格子中央。此时，兔背部被卡在方格的底部，头和四肢朝向上方，尾部露出，有利于兔保持安静，对兔应激小，可有效避免工作人员被兔抓伤，同时也降低了工作人员的劳动强度。兔被保定后可实施直肠测温等操作。测温后，轻轻上提兔尾巴，兔可回复原有体位。当保定槽内部被弄脏后，拆卸掉前侧板，清洁保定槽。可通过向上抬起支撑板将支撑板与升降平台分离，方便单独将多个木质保定槽进行位置转移。5个小方格可满足对5只兔同时进行体温测定和注射。

第九章 新型畜禽驱蚊熏蜡研发及健康养殖应用

净化养殖环境，驱赶蚊虫是畜牧业疫病防治的重要环节。随着绿色环保理念深入人心，天然植物驱避剂作为安全、环保、高效、经济的新型驱避产品，在畜禽业中使用具有广阔的应用前景而备受关注。我国利用植物驱避已有几千年的历史，文献资料和天然植物资源相对丰富，研制高效低毒兽用植物源驱蚊熏蜡，有效驱赶蚊虫，杀灭空气中的病原，对净化养殖场环境，提高防疫水平具有重要意义和实际应用价值（李慧等，2018）。针对国内规模化畜禽养殖企业（户）生产实际以及市场对高效低毒驱蚊熏蜡产品的迫切需求，为了充分利用资源丰富且具有天然驱蚊效果的植物，笔者团队从经济性和燃烧后驱蚊效果等方面对具有天然驱蚊作用的植物进行筛选和科学组方，研制了一种新型畜禽驱蚊中草药熏蜡并应用到生产实际，取得了较好的驱蚊效果。

第一节 天然驱蚊虫植物活性成分及提取工艺

某些植物通过散发挥发性物质对蚊虫具有一定驱避效果，由于其具有驱蚊和杀菌等多重功效，且无残留、无耐药性、低污染和低毒害，较化学驱避剂具有一定优越性。我国植物资源种类丰富，有效开发利用天然驱蚊虫植物作为新型驱避产品取代化学制品已成为当前研究的新热点。

夏秋季高温高湿的环境易引发蚊虫大量滋生。蚊虫能传染疟疾、登革热、寨卡热等多种烈性蚊媒疾病（周西等，2016）。目前，市面上销售的驱蚊产品大多含有色素、香精、避蚊胺等物质，对人体有刺激和毒副反应，不能长期使用（刘彩凤等，2019）。某些天然植物，如艾、藿香、飞机草、山鸡椒、薄荷、石菖蒲等具有驱蚊和杀菌等多重功效，国内学者已开展关于具有驱蚊效果的植物资源的调查与筛选、有效成分分析、制备工艺等方面的研究工作（李慧等，2018）。但目前仍存在驱避有效性和持久性较差，对生态环境的影响不明确等问题，研发安全、绿色、高效的天然植物源蚊虫驱避产品对人类健康和生活环境改善，以及畜牧业的环境净化具有重要意义。

一、驱蚊虫植物资源类型与分布

我国大部分地区均有驱蚊植物，常见的有夜来香、薰衣草、樟等植物，在生长期通过叶、花、果实等组织或器官散发气味或者特殊化学物质驱赶靠近的蚊虫。目前，我国常见驱蚊虫植物主要为唇形科、菊科、樟科等15科，主要集中分布在我国东南地区。我国常见驱蚊虫植物具体资源类型与分布见表9-1。

表9-1　我国常见驱蚊虫植物资源类型与分布

学名	科	使用部位	主要分布地区
薰衣草 *Lavandula angustifolia* Mill.		茎、叶、花	新疆天山北麓
迷迭香 *Rosmarinus officinalis*		全草	南方大部分地区及山东
荆芥 *Nepeta cataria* L.	唇形科 Labiatae	茎、叶、花穗	安徽、江苏、浙江、江西
薄荷 *Mentha haplocalyx* Briq.		叶	江苏、安徽
藿香 *Agastache rugosa*		叶	四川、江苏、浙江、湖南、广东

（续）

学名	科	使用部位	主要分布地区
艾 *Artemisia argyi* Levl	菊科 Compositae	叶	湖北、安徽、山东、河北
飞机草 *Eupatorium odoratum* L.		全草	广东、海南、广西、云南
山鸡椒 *Litsea cubeba*	樟科 Lauraceae	根、茎、 叶、果实	南方及西南各省份
樟 *Cinnamomum camphora*		根、叶、 干、枝	南方及西南各省份
柠檬草 *Cymbopogon citratus*	禾本科 Gramineae	茎、叶	广东、广西、福建、云南
金银花 *Lonicera japonica* Thunb.	忍冬科 Caprifoliaceae	花蕾、花、 梗叶	河南、山东
姜黄 *Curcuma longa* L.	姜科 Zingiberaceae	根茎	南方大部分地区
苦楝 *Melia azedarach* L.	楝科 Meliaceae	花	河北、江西、云南、四川
石菖蒲 *Acorus tatarinowii* Schott	天南星科 Araceae	根茎	黄河以南各省份
黄皮果 *Clausena lansium*	芸香科 Rutaceae	果皮	广西
云南松 *Pinus yunnanensis*	松科 Pinaceae Lindl.	松花粉	西藏、四川、云南、贵州
芦荟 *Aloe vera*	百合科 Liliaceae Juss.	叶	福建、广东、四川、云南
白芷 *Angelica dahurica*	伞形科 Apiaceae Lindl.	根	黑龙江、吉林、辽宁、 四川、山东
夜来香 *Telosma cordata*	萝藦科 Asclepiadaceae	花、叶	华南地区

（续）

学名	科	使用部位	主要分布地区
丁香 *Syringa oblata*	木樨科 Oleaceae	花蕾	西南及秦岭地区
水蓼 *Polygonum hydropiper* L.	蓼科 Polygonaceae	全草	南北各省份

二、驱蚊虫植物有效成分

　　植物驱避剂较化学驱避剂在驱蚊效果方面有一定优越性，但目前大多数植物源驱避剂蚊虫驱避效果仍然低于化学驱避剂。大量研究表明，植物源驱避剂有效化学成分为蒎烯、芳樟醇、松油烯、柠檬烯、水芹烯、萜烯、月桂烯和桉油烯等。常见驱蚊植物相关化学成分分析见表9-2，常见驱蚊植物主要有效成分占比见图9-1。

表9-2　常见驱蚊植物相关化学成分分析

学名	主要化学成分
山鸡椒	α-蒎烯，β-水芹烯，松萜，1,8-桉油醇，香茅醇，芳樟醇，枸橼醛，柠檬醛类，生物碱类，桉脑，甲基庚烯酮，甾醇类等
艾	樟脑，侧柏酮，柠檬烯，α-水芹烯，α-侧柏酮，杨梅酮，香茅醇，松油醇，松油烯，黄酮，萜烯，三萜类化合物等
薰衣草	乙酸芳樟酯，芳樟醇，香茅醇，薰衣草醇，乙酸薰衣草酯
柠檬草	香茅醇，香叶醇，香茅醛，柠檬醛，柠檬烯，月桂烯，芳樟醇，乙酸香叶酯
迷迭香	樟脑，龙脑，2-莰醇，邻苯二甲酸二乙基酯
樟	樟脑，蒎烯，τ-松油烯，β-月桂烯，α-水芹烯，对-聚伞花素，4-萜烯，D-柠檬烯，β-芳樟醇，桉油精，β-罗勒烯，龙脑，α-松油醇，顺式香叶醇等
金银花	芳樟醇，双花醇，棕榈酸乙酯，α-松油醇，棕榈酸，辛醇，亚油酸甲酯，顺-3-己烯-1-醇等
姜黄	α-姜黄素，β-姜黄素，α-姜萜，α-姜烯，β-倍半水芹烯等

（续）

学名	主要化学成分
苦楝	β-谷甾醇，苦楝二醇，香草醛，苯甲酸，香草酸，松柏醛等
石菖蒲	β-细辛醚，α-细辛醚，石竹烯，α-葎草烯，细辛醛等
荆芥	α-松油烯，麝香草酚，ρ-伞花烃，冰片烯，甾醇类，三萜皂苷类，黄酮及其苷类，异松莰酮等
小黄皮	柠檬烯，γ-松品烯，异松油烯，β-月桂烯，3-蒈烯，对伞花烃等
飞机草	乙酸龙脑，芳樟醇，倍半萜类，香豆素类，甾醇类，黄酮类，三元醇类
云南松	α-蒎烯，β-蒎烯，三环二萜类，三萜类，黄酮及其苷类
水蓼	姜烯，3-蒈烯，丁香酚，α-派烯，β-石竹烯，γ-松油烯，蒲公英萜酮，木栓烷醇，芴等

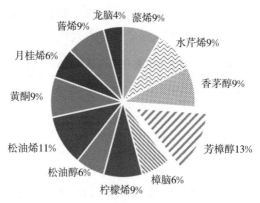

图 9-1　常见驱蚊植物主要有效成分占比

三、影响驱避效果的因素

1. 利用部位　天然植物利用部位不同，对蚊虫驱避效果也有所不同，如樟本身对蚊虫并没有驱避效果，但是从樟树的根、叶、枝干所提取的樟脑对蚊虫具有较为显著的驱避效果。植物驱避蚊虫利用部位大多数是茎叶、根、花、树皮，少部分是木材、种子油脂及幼苗，如茵陈蒿、艾纳香、白头婆等植物利用茎叶；而土荆芥、藿香蓟、翼齿六棱菊利用地上部分；大蒜利用鳞茎部分；石菖蒲、醉鱼草、蒿利用全株；山鸡椒、黄樟利用果（范汝艳等，2019；黄卫娟，2013）。

2. 驱蚊方式　研究表明，驱蚊方式可显著影响驱蚊效果。目前，常用驱蚊方式主要有种植、悬挂、烟熏、沐浴、喷洒、涂敷等。植物点燃产生烟雾可以干扰蚊虫搜寻目标，并且某些植物本体存在驱避蚊虫物质，或者通过燃烧、混合燃烧能产生驱蚊虫物质（范汝艳等，2019），但通过燃烧烟熏来驱避蚊虫的方式在驱避持续时间和利用场合上有局限。有些植物，如姜黄、薄荷等还可以涂抹在身体上（苏华丽等，2016），可有效驱散蚊虫。在民间常用的驱蚊方式是在室内悬挂新鲜的植株，如烟草、小黄皮、艾叶，利用植株本身所散发的驱蚊虫物质来达到驱避效果；一些驱蚊虫植物是通过切碎铺垫在地板上，或者随身佩戴一些具有驱蚊效果的植物花果，如勐腊毛麝香的花序，进行驱蚊。

3. 驱避对象　不同植物对不同种类的蚊虫驱避效果不同，如山苍子、薰衣草、樟都对致倦库蚊有驱避效果，但是均对白蚊伊蚊无效果，而石香薷、迷迭香对白蚊伊蚊有较好驱避作用（李黎等，2010）。一些研究表明，薄荷、茴芹籽和赤胺果实对淡色库蚊驱避效果较好（董菲等，2018）；而猫薄荷对白蚊伊蚊有较好的驱避效果（郝蕙玲等，2006）。

4. 组合配方　天然植物具有挥发性物质，不同植物组合对蚊虫驱避效果也不同。民间自制随身佩带的香囊配方为薄荷脑0.5 g、冰片0.5 g、艾叶5 g、樟脑0.5 g、石菖蒲3 g、藿香2 g混合粉碎成末，对日常蚊虫有10～15 d驱避效果。刘彩凤等（2019）发现，使用薄荷30 g、浮萍20 g、石菖蒲50 g、迷迭香10 g混合制成香囊，适用于大多数人对蚊虫的驱避要求。

5. 制备方式　植物蚊虫驱避剂不同加工制备方式对蚊虫驱避效果也有影响。目前，市面上常见的是植物精油，对库蚊、按蚊、伊蚊等蚊虫有较好的驱避效果。有些产品是将天然植物中驱蚊虫活性成分提取出来制成香薰，通过加湿器或燃烧等扩散至一定空间来达到驱避蚊虫的目的；有部分产品将植物中驱蚊虫物质制成微胶囊缓释剂，延长了驱避时间，从而提高驱避效果，如荆芥油；或者将具有蚊虫驱避性植物研磨混合制成植物香蜡和蚊香，通过点燃香蜡或蚊香来产生具有驱蚊效果的烟雾；还有部分产品通过皂化或向普通香皂半成品中添加驱蚊剂来达到驱避蚊虫的目的。影响蚊虫驱避效果的主要因素见图 9-2。

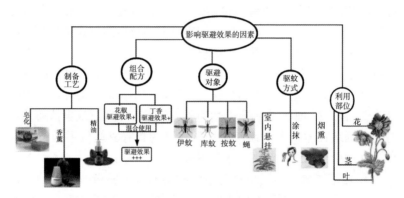

图 9-2　影响蚊虫驱避效果的主要因素

四、天然驱蚊虫植物活性成分提取方法

由于天然驱蚊虫植物活性成分是植物不同组织中的次生代谢物质，多为易挥发并具有强烈香味的油状液体，所以一般通过蒸馏、榨取等方法来萃取提炼（庞利苹等，2010；吕彤，2016）。传统的植物活性成分提取方法有水蒸气蒸馏法、浸提法、压榨法等，其中使用最为广泛的是水蒸气蒸馏法。目前，新型的植物活性成分提取技术主要是酶解提取法，主要是针对难以破坏细胞壁提取植物的植物原料，根据酶反应具有专一性，选择相应的酶，破坏细胞壁结构，便将不同细胞壁组成成分水解或降解，使细胞内的成分溶解、混悬或胶溶于溶剂中，从而达到提取植物活性物质的实验目的，相比于传统活性物质提取方法其提取率较高（庞利苹等，2010；吕彤，2016）。

五、天然驱蚊虫植物在畜牧业中的应用

蚊虫对畜牧业中的家畜具有较大危害，如蚊虫能携带 60 多种细菌、病毒和寄生虫，会引起猪的疾病，如口蹄疫、猪瘟、日本脑炎、伪狂犬病等（郑四清等，2009）。蚊虫通过叮咬猪给猪带来不适，会在不同程度上影响猪的正常生活，如休息时间减少、食欲不振、情绪暴躁，甚至为了搔痒导致皮肤破损，引起皮肤的真菌、细菌感染。净化养殖场环境，驱赶蚊虫是畜牧业疫病防治的重要环节。天然植物驱避剂作为安全、环保、高效、经济的新型驱避产品，在畜牧业中的开发和利用具有广阔前景（郑四清等，2009）。随着绿色环保理念深入人心，在养殖业中使用植物源蚊虫驱避剂倍受关注。作为新型驱避产品，天然植物驱避剂目前虽存在诸多问题，但随着筛选效率、分离技术以及生物活性测定方法技术的改进，必将取代化学制品而广泛应用于畜牧业生产和人类健康生活等方面。

第二节 新型畜禽驱蚊熏蜡研制与应用

为了满足兽用植物驱蚊熏蜡的市场需求，课题组试制了一种新型兽用植物源驱蚊熏蜡样品，并观测了驱杀蚊虫的效果。根据文献报道频次和燃烧感官评测筛选驱蚊植物，将植物材料粉碎过筛后加入助燃剂、黏合剂和增香剂，按照不同比例混合均匀，利用模具压制成型，具有气味芳香、烟雾浓度适当、燃烧持久、杀蚊和驱蚊效果明显的特点。新型兽用植物源驱蚊熏蜡样品长 115 cm，直径 1.2 cm，可持续燃烧产生烟雾 7 h 以上，可有效驱杀蚊蝇。在相同空间内，自制兽用植物源驱蚊熏蜡有效驱蚊时间长于市面所售蚊香 23%。同时，自制兽用植物源驱蚊熏蜡烟雾对青霉菌和大肠杆菌有较好的抑菌效果，抑菌率分别＞65%和＞55%。自制兽用植物源驱蚊熏蜡样品具有较好的驱蚊、杀蚊和抑菌效果。新型兽用植物源驱蚊熏蜡样品见图 9-3、图 9-4。

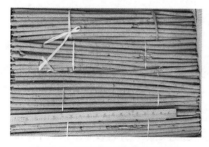

图 9-3　新型兽用植物源驱蚊
熏蜡样品

图 9-4　新型兽用植物源驱蚊熏
蜡样品纹理与质地

目前，市面销售的多数驱蚊化学制品对环境有一定的负面作用（边书阳，2018）。研究表明，某些天然植物，如艾、藿香、薄荷等具有驱蚊和杀菌等多重功效。我国植物资源种类丰富，目前国内外对驱蚊虫植物类型与分布、驱避效果影响因素、活性成分提取与制备工艺等研究报道较多（郝蕙玲等，2006；黄卫娟等，2013；苏华丽等，2016），有效开发利用天然驱蚊虫植物加工制作新型驱避产品取代化学制品已成为当前研究的新热点。兽用植物源驱蚊熏蜡研制课题组制备的驱蚊熏蜡样品已在小型肉羊、生猪养殖户中进行了驱蚊效果试用，反馈结果良好。目前，该产品配方正在进行专利的申报，研究成果将直接服务于畜禽养殖生产一线，具有广阔的市场需求。

针对国内中小规模畜禽养殖场（户）的生产实际，以及市场对畜禽驱蚊产品的迫切需求，2019 年以来，笔者所属畜禽健康养殖团队从常德市规模化生猪养殖企业湖南惠生农业科技集团生产实际需求出发，充分利用资源丰富具有天然驱蚊效果的中草药，采用中草药超微粉碎工艺对筛选的驱蚊中草药进行烘干粉碎加工，摸索和优化高效低毒畜禽中药驱蚊熏蜡制作配方和工艺，展开高效畜禽中药驱蚊熏蜡的研制，立足本地，服务地方。研究成果将直接为畜牧业生产一线服务，有效减少养殖场蚊蝇危害和杀灭养殖场空气中的病原微生物，降低养殖场传染病的发病率，为净化猪场环境、提高防疫水平、实施无公害畜禽健康养殖提供新的思路与途径。

　　该新型熏蜡产品绿色环保、原料简单易得、成本较低，燃烧后气味芳香，对畜禽、养殖场周围环境、生态平衡均无影响，符合可持续发展的理念，可以降低养殖场内不良环境因素对畜禽的感官刺激，减少或降低畜禽应激反应。与市售蚊香相比，新型畜禽驱蚊熏蜡不需要添加除虫菊酯等任何化学及生物药剂，制作加工工艺较为简单，驱蚊效果良好，可以降低畜禽患病率，降低养殖成本，提高养殖户的综合收益。该新型熏蜡投入实际生产应用后，可弥补目前国内畜禽驱蚊熏蜡的空白，应用前景广阔，易在乡镇中小型畜禽养殖户或大型养殖企业中推广使用，对促进当地养殖场（户）致富和助推乡村振兴具有重要的应用价值。

主　要　参　考　文　献

边书阳，2018. 昆虫驱避剂的驱避活性和毒性研究进展［J］. 科学大众（科学教育）(1)：185-186，192.

陈付，2018. 土鸡的生态养殖技巧及注意事项［J］. 当代畜禽养殖业（5）：9-10.

陈义，2014. 农村土鸡生态养殖模式［J］. 贵州畜牧兽医，38（1）：49-50.

成钢，安玉玲，夏莹，等，2019. 蚓粪对不同畜禽粪便除臭效应［J］. 西南农业学报，32（3）：566-572.

成钢，郭宝琼，田娟，等，2019. 洞庭湖区羊粪新型生态堆肥模式及应用［J］. 黑龙江畜牧兽医（4）：11-13.

成钢，李红波，莫华，等，2019. 丘陵坡地油茶林下新型生态种养结合模式研究与实践，［J］. 畜牧与饲料科学，40（8）：83-85.

成钢，梁文安，成展仪，等，2021. 湘西丘陵山地鹅生态放养技术与疾病综合防控研究［J］. 黑龙江畜牧兽医（6）：46-49.

成钢，龙娇春，胥雅茹，等，2020. 湘西丘陵山地土鸡生态散养关键技术［J］. 黑龙江畜牧兽医（23）：63-65，71.

成钢，龙敏笛，黄景飞，等，2015. 湖区羊-蚯蚓-鱼-禽生态型养殖模式及其效益分析［J］. 黑龙江畜牧兽医（下半月）(9)：72-73.

成钢，王文龙，赵铭，等，2014. 湖区山羊粪便的无害化处理与资源化利用［J］. 黑龙江畜牧兽医（下半月）(1)：25-26.

成钢，王宗宝，吴侠，等，2015. 不同畜禽粪便基料配比对太平 3 号蚯蚓养殖的影响［J］. 黑龙江畜牧兽医（下半月）(10)：140-142.

成钢，夏莹，安玉玲，等，2019. 洞庭湖区羊粪资源化利用现状与技术探讨［J］. 黑龙江畜牧兽医（6）：44-46.

成钢，朱珠，熊兀，等，2015. 食用菌栽培基料添加畜禽粪便可行性研究［J］.

中国食用菌，34 (1)：40-43.

崔京腾，2018. 鹅病流行特点及防控措施 [J]. 畜牧兽医科技信息 (11)：123-124.

崔玉霞，2008. 如何提高奶牛受胎率 [J]. 河南畜牧兽医 (综合版)(2)：25.

董昌金，2001. 几种食用菌消毒剂的防霉效果研究 [J]. 湖北师范学院学报 (4)：40-42.

董霞，2019. 鹅应激综合征的防治 [J]. 家禽科学 (10)：58.

范汝艳，苟祎，王趁，等，2019. 西双版纳哈尼族驱蚊植物的民族植物学调查研究 [J]. 广西植物，39 (3)：359-374.

戈阳，盛淑妮，高婷，等，2014. 虾-草-鹅生态农业模式发展现状及展望 [J]. 江苏农业科学 (3)：399-402.

郝蕙玲，邓晓军，杜家伟，2006. 猫薄荷精油有效成分的提取及其对白蚊伊蚊、淡色库蚊的驱避活性 [J]. 昆虫学报，49 (3)：599-537.

贺超，2019. 鹅常见寄生虫病的发生与防治 [J]. 科学种养 (7)：50-52.

胡选浩，2017. 某地区奶牛子宫内膜炎流行学调查 [J]. 中国动物保健，19 (11)：54-55.

胡宇虹，祝丽云，李彤，2020. 中欧奶业政策比较研究及对我国的启示 [J]. 河北农业大学学报 (社会科学版)，22 (4)：14-20.

黄河斋，陈志祯，班镁光，2014. 林地种草养鸡技术 [J]. 贵州畜牧兽医，38 (3)：56-58.

黄卫娟，龙春林，2013. 驱蚊植物与驱蚊植物精油初探 [J]. 天然产物研究与开发，25 (B12)：169-172.

姜宏星，张洪涛，施长喜，等，2017. 奶牛体况对繁殖性能的影响 [J]. 黑龙江动物繁殖，25 (4)：34-36.

姜淑妍，2019. 营养因素对奶牛繁殖性能的影响 [J]. 吉林畜牧兽医，40 (12)：52.

金岩，宋晓亮，2019. 鹅病综合防治措施 [J]. 现代畜牧科技 (3)：56-57.

孔祥智，钟真，2009. 中国奶业组织模式研究 (一)[J]. 奶业经济 (4)：22-25.

李慧，刘辉，张兴，2018. 植物源蚊虫驱避剂的研究与应用 [J]. 中华卫生杀虫药械 (2)：199-202.

李权武，武浩，马光平，等，2000. 高胎奶牛繁殖性能和经济效益的调查与分析 [J]. 动物医学进展，21 (4)：142-144.

李胜利，2008. 我国奶牛养殖模式及发展情况 [J]. 中国畜牧杂志，44（14）：36-41.

李艳华，王海浪，朱玉林，等，2014. 高产荷斯坦牛繁殖障碍的诱因分析及应对策略 [J]. 中国奶牛（15）：18-22.

梁久梅，2009. 鱼鹅立体化养殖的好处和养殖形式 [J]. 北京农业（10）：33-33.

梁明荣，2018. 土鸡常见疾病要点 [J]. 新农业（21）：24-25.

梁小军，常国新，薛伟，等，2012. 宁夏奶牛繁殖障碍的分类调查 [J]. 上海畜牧兽医通讯（5）：28-29.

廖金凤，2019. 鹅的常见疾病及预防控制措施分析 [J]. 畜禽业，30（11）：114.

刘彩凤，吉萌萌，徐杨，等，2019. 驱蚊中草药专利及文献究 [J]. 中医学报，34（11）：2467-2471.

刘宜勇，2013. 新疆伊犁新褐种牛场母牛繁殖性能及繁殖障碍的分析与研究 [D]. 乌鲁木齐：新疆农业大学.

吕彤，2016. 四种植物提取物驱蚊效果研究 [D]. 大庆市：黑龙江八一农垦大学.

牛华锋，侯文乾，徐明，等，2018. 不同月份对内蒙古地区规模化牧场奶牛繁殖性能的影响 [J]. 中国奶牛（1）：23-26.

潘丽燕，陈伟琪，陈锋，2007. 基于循环经济的畜禽养殖模式探讨与典型案例分析 [J]. 厦门大学学报（自然科学版），46（1）：209-213.

庞利苹，徐雅琴，2010. 微波辅助萃取法提取南瓜籽中植物甾醇工艺的优化 [J]. 中国粮油学报，25（8）：47-50.

裴爱红，杜淑珍，2017. 土鸡规模化高效益生态养殖技术探讨 [J]. 中国畜牧兽医文摘，33（3）：101.

彭华，李军平，2020. 我国奶牛养殖机械化智能化信息化应用现状分析 [J]. 中国食物与营养（9）：1-5.

苏华丽，张艳，吴俊洪，等，2016. 延效中药薄荷驱蚊剂的制备 [J]. 北方药学，13（3）：109-111.

苏杨，2005. 中国特色循环经济之辨析 [J]. 资源节约与环保，21（4）：17-21.

王全鹏，2013. 鹅常见寄生虫病的防治 [J]. 水禽世界（2）：31-32.

王忍，黄斌，刘中明，等，2007. "稻-鸭-牧"生态种养模式及其综合效益探讨［J］. 湖南农业科学（1）：25-29.

王阳，李沐森，郭文场，等，2017. 中国鹅的品种简介（1）［J］. 特种经济动植物，20（6）：2-6.

王子成，2016. 不同饲养管理模式对奶牛繁殖性能的影响［J］. 当代畜禽养殖业（7）：6-7.

温富勇，于桂芳，李辉，等，2018. 密云地区奶牛场繁殖率情况调查分析［J］. 当代畜牧（15）：27.

巫亮，李金博，李爱华，等，2009. 宁夏银川地区奶牛繁殖性能调查［J］. 农业科学研究，30（4）：45-48.

熊兀，成钢，朱珠，等，2014. 食用菌栽培基料研究进展［J］. 中国食用菌，33（4）：5-8.

徐惠萍，尚文希，2019. 减缓鸡应激的相关措施［J］. 畜牧兽医科技信息（3）：130-131.

岩扁，2018. 山区土鸡高效生态养殖技术要点［J］. 当代畜禽养殖业（11）：18.

阎春池，单昊书，吴瑛，等，2018. 鹅生态养殖模式及其饲养管理技术［J］. 现代畜牧科技（8）：5-7，9.

杨华松，戴志明，万田正治，等，2002. 云南稻-鸭共生模式效益的研究及综合评价（二）［J］. 中国农学通报，18（5）：23-24，59.

杨璐，魏守海，黎丽，2014. 鹅应激的危害及防治措施［J］. 黑龙江畜牧兽医（12）：102-103.

杨明爽，2016. 山区土鸡生态养殖模式及效益调查［J］. 浙江畜牧兽医，41（5）：18-19.

张春兰，2014. 林地土鸡养殖中寄生虫病防治方法探析［J］. 福建畜牧兽医，36（3）：60-61.

张明琦，2017. 浅谈应激因素对鸡群的危害及防治对策［J］. 畜禽业（3）：28，31.

张南，张旭光，2020. 我国奶牛养殖业现状及发展建议［J］. 黑龙江畜牧兽医（16）：7-10，20.

张维银，2013. 个体散养户淡出奶牛养殖业是行业升级后的必然结果［J］. 中国乳业，143：22-24.

章家恩，陆敬雄，张光辉，等，2002. 稻鸭共作生态农业模式的功能与效益分析［J］. 生态科学，21（1）：6-10.

赵永旭，雷程红，2018. 奶牛场母牛繁殖性障碍病因分析［J］. 新疆畜牧业，33（6）：28-32.

甄若宏，王强盛，何加骏，等，2008. 稻鸭共作对水稻产量和品质的影响［J］. 农业现代化研究，29（5）：615-617.

郑四清，李丛生，梁又荣，2009. 猪场里蚊蝇的危害及防控措施［J］. 中国猪业（8）：56-57.

郑中华，马红霞，刘海云，2019. 高产奶牛繁殖性能低的原因分析［J］. 中国饲料（12）：14-18.

周西，张大春，欧阳作理，等，2016. 驱蚊香囊趋避蚊虫叮咬临床疗效观察［J］. 中医外治杂志，25（3）：20-21.

朱士恩，2015. 家畜繁殖学［M］. 6版. 北京：中国农业出版社.

祝荣，方剑波，张金妹，2011. "桑园-蚯蚓-放养土鸡"生态农业循环模式的示范推广［J］. 中国牧业通讯（12）：72-73.